中南财经政法大学中央高校基本科研业务费
专项资金资助出版（编号：No.2722022BQ061）

新时代中国风格服装创新设计研究

杨孛 著

武汉大学出版社

U0249041

图书在版编目(CIP)数据

新时代中国风格服装创新设计研究／杨莘著. -- 武汉：武汉大学出版社，2024.12. -- ISBN 978-7-307-24452-8

Ⅰ. TS941.2

中国国家版本馆 CIP 数据核字第 2024ML8861 号

责任编辑:徐胡乡　　　责任校对:鄢春梅　　　版式设计:马　佳

出版发行：**武汉大学出版社**　（430072　武昌　珞珈山）

（电子邮箱：cbs22@ whu.edu.cn　网址：www.wdp.com.cn）

印刷:湖北云景数字印刷有限公司

开本:720×1000　1/16　印张:11　字数:168 千字　插页:1

版次:2024 年 12 月第 1 版　　2024 年 12 月第 1 次印刷

ISBN 978-7-307-24452-8　　定价:69.00 元

前　言

　　党的二十大报告着重阐释了推进文化自信自强的必要性，倡导发展兼具民族性、科学性与大众性的社会主义文化，同时秉持创造性转化与创新性发展的原则。中华文化，凭借其独树一帜的理念、深邃的智慧、独到的气质及迷人的魅力，已深深植根于民族心灵深处，构筑起坚不可摧的自信与自豪之基。在探寻中华文化资源以汲取创作题材与灵感的过程中，将中华优秀传统文化中蕴含的宝贵思想和艺术价值与当下时代的特点和需求进行有机融合，并借助服装设计的艺术手法加以现代化诠释，已然成为推动文化传承与创新发展的关键所在。

　　本书对新时代视域下中国风格服装的创新设计展开了深入而系统的研究。第一章概述了中国风格服装设计的历史演进脉络，并对新时代中国风格服装设计的表现形式进行了阐释。第二章则从研究问题的构建、研究设计与实施流程、研究方法的选取、研究对象与资料的搜集、分析步骤的展开以及研究质量的确保等多个层面，对新时代中国风格服装创新设计研究的全过程进行了严谨而细致的分析。第三章则通过深入的数据分析，进一步提炼和揭示了中国风格服装设计从灵感萌生到作品呈现的丰富内涵与复杂机理。第四章构建了新时代视域下中国风格服装设计创作过程的概念框架，并探讨和开发了创新设计理论模型，这不仅为传统与现代元素的有机融合提供了坚实的理论支撑，也为民族服装设计的创新实践指明了前行方向。第五章则立足当下，展望了中国风格服装设计的未来发展趋势。

从整体来看，本书呈现出清晰的思路与层次分明的结构，理论阐述既深刻又易于理解，使读者能够轻松领略其中要义。同时，本书内容紧扣时代脉搏，致力于推动中国文化的广泛传播，以期在提升人类文化多样性与品质方面作出积极贡献。

2024 年 9 月

CONTENTS

目录

引　言

一、研究背景和研究意义

（一）研究背景

在历史学的广阔视野中，东方服饰的独特风貌及其文化符号在西方世界的传播痕迹，可追溯至古罗马时期。公元前4世纪，亚历山大大帝对东方波斯地区的征伐，卡夫坦服装的引入，为东方文化在西方服饰领域的渗透和融合奠定了坚实的基石。公元前2世纪，中国丝绸的西传使得西方贵族阶层及上流社会对源自中国的丝绸制品趋之若鹜，将其视为一种独特的奢华标志。14—15世纪，在西方世界近代化的浪潮中，中国物品的传入不仅丰富了西方的物质文化，也进一步扩展了东方服饰在西方社会的影响力。西方贵族和上层人士的服饰中出现了中国服饰元素，如宽松的袍服、鲜明的色彩和精致的刺绣，这些元素的融入逐渐改变了西方的时尚风向，使得东方服饰风格在西方世界蔚然成风。16—17世纪，随着地理大发现和东印度公司的成立，东方服饰文化在西方得到了进一步传播，并延续至今，成为东西方文化交流史上一道独特的风景线。

中国风（Chinoiserie）是西方艺术与装饰领域的一种艺术风格，其核心主题源自 17 世纪，当时中国的东方文物和装饰艺术品通过东西方贸易渠道传入西方世界，并在欧洲人的想象力和改编下，逐渐演变成为一种独特的艺术现象。在 18 世纪的洛可可艺术运动中，中国风得到了广泛的应用，其影响力扩展至西方设计的各个层面。起初，意大利、法国、英国等国的工匠们将中国工艺品的装饰图案与本土创造实践相结合，进行了创新性的再设计。随后，中国风的元素渗透家具、陶瓷、纺织、工艺、绘画、建筑和园艺等多个艺术领域。

进入 20 世纪，随着西方对中国的开放政策的推行，中国风在西方社会得到了广泛的传播。1931 年巴黎殖民地博览会成为西方世界了解远东和非洲等异国文化的窗口，进一步推动了东方形象在西方艺术领域的扩散。在服饰领域，1951 年，Christian Dior 推出的"新外观"中融入了一些中国元素，如盘口和尖顶帽。1979 年，中国与美国建交后，"毛式服装"流行，这种服装反映了中国人民的服饰特色。随着 1978 年改革开放政策的实施，中国风在 20 世纪 80 年代得到了进一步发展。Pierre Cardin、Junko Koshino 以及 Dior 的设计师 Castetter 等知名设计师访华，发现了中国现代化的新面貌，推动了中国时尚产业的发展。进入 20 世纪 90 年代，中国风展现了简约而多元的文化形态，同时蕴含着对传统特质和未来趋势的洞察。Jean Paul Gaultier 在 1994 年秋冬季的发布会中运用了中国藏族服饰的构成方法进行服装设计。在 1996 年秋冬季，他利用塑料材料来展现旗袍的未来感。进入 21 世纪，中国风服装设计持续发展，国外设计师以中国元素为主题，运用中国文化元素特有的形态、细节、纹样、材料和技法来展示服装特色。中国风在西方时尚界的传承和发展，不仅体现了跨文化交流对服装设计的影响力，也反映了现代社会对多元文化的追求。

中国服装设计经历了从对西方的简单模仿到自主创新的转变。随着中国的崛起和经济的发展，中国风格服装设计呈现出多样化的发展趋势，融入了中华传统文化元素，同时也注重可持续发展和环保。这一发展趋势为中国服装产业带来了新的机遇和挑战，也为国际时尚界带来了独特的创意和风格。

2017 年 1 月，中国政府发布《关于实施中华优秀传统文化传承发展工程的意见》，指出将中华民族传统文化的精髓融会于民众日常生产生活的各个维度的必要性。文件中明确提出了一项具体措施：开展中国节庆礼仪服装服饰计划，旨在设计和制作一系列能够凸显中华民族文化独特魅力的服饰。①该文件同时强调了保护和传承中国文化遗产的重要性，其中包括实施传统工艺振兴计划和少数民族特色文化保护工作。汉服与中式婚礼服作为节庆礼仪服装的重要组成，被赋予了新的文化使命。此外，"国潮"服装将中华传统文化元素与现代时尚相融合，是对中华传统文化的一种创造性传承与发展，在文化自觉与自信的征途上发挥了不可忽视的积极作用。

党的二十大报告强调，推进文化自信自强，发展面向现代化、面向世界、面向未来的，民族的科学的大众的社会主义文化，坚持创造性转化、创新性发展。②中华文化以其独特的理念、智慧、气质和魅力，在中华民族内心深处树立起自信和自豪的基石。在利用中华文化资源寻求题材和灵感的同时，将中华优秀传统文化中有益的思想和艺术价值与时代特点和要求相结合，以服装设计的形式进行现代化表达，成为文化传承与创新发展的重要途径。在实施中华优秀传统文化传承发展工程的过程中，必须坚持"创造性转化、创新性发展"的原则，使中华民族最根本的文化基因与当代文化相适应、与现代社会相协调。

近年来，"新国风"在中国盛行，它象征着中国审美观念、中华优秀传统文化与现代流行时尚的深度融合，构筑了一种具有风格化特征的新的生活方式和产品创新体系。新时代的中国风格从本质上看是从外部到内部的文化认同和文化提升过程。在服装设计领域，"新国风"代表着中国本土设计对中国文化的新诠释，也是对中华优秀传统文化继承与发展的新体现。"新国风"时尚不同于传统的汉服、唐装等民族服饰，它更注重将现代元素和传统文化相结合，

---

①　关于实施中华优秀传统文化传承发展工程的意见 [J]. 师资建设，2017，30（2）：9-14.

②　习近平. 高举中国特色社会主义伟大旗帜 为全面建设社会主义现代化国家而团结奋斗——在中国共产党第二十次全国代表大会上的报告 [J]. 党建，2022（11）.

致力于将中式美学与现代设计结合起来。这种时尚潮流不仅推广了中华文化，也展示出其优雅、华丽及神秘感。

在新时代的背景下，中国风格体现了一种对中华传统服饰风格的创新诠释。学术界对于如何在服装设计中融入新时代的中国风格进行了深入的探讨。部分学者提出，"新国风"是一种将中华民族文化遗存与时代精神相结合，打造既充满中国传统文化意蕴，又不失现代审美趣味的艺术新风格。① 亦有观点认为，"新国风"是一种充分吸收西方文化元素，植根于中国本土审美理念的新兴艺术形式，它所呈现的是一个现代化的、包容开放的中国形象，积极融入全球文化的大潮，其中"潮范中国风"和国潮成为其最显著的表现形态。② 另有学者指出，"新国风"时尚代表着中国传统文化与现代审美表现的深度结合，它是在物质与精神、传统与现代、中华文化与世界文化相互交融的跨文化情境中应运而生的一种设计艺术。③ 新时代语境下的中国风格服装设计不仅是对中华传统文化传承与创新的体现，也是对中国现代文化多元阐释的视觉表达。尽管新时代语境下的中国风格服装设计创新路径的研究尚显不足，系统性的理论构建有待完善，但无疑，当下中国风格服装设计的概念内涵界定及其理论体系的构建，已成为当下一个迫切需要研究的课题。因此，本书致力于明确新时代语境下中国风格服装设计的内涵和外延，构建一个既符合时代特点，又能指导实践的中国风格服装设计理论框架，以促进中国服装设计的持续发展和文化自信的增强。

（二）研究意义

根据《中国消费趋势报告（2021）》，"新国风"在中国流行，并推动了

---

① 余卫华. 西方时尚中的中国风格 [J]. 丝绸，2010（1）：32-35.

② Sisi Xue. A Study on New China Style in Contemporary Fashion [D]. Konkuk University，2020.

③ 卞向阳，李林臻. 新时代中国服饰中的"新国风"时尚 [J]. 美术观察，2021（2）：23-25.

各个区域特色文化的进一步发展，从而形成了更丰富的中国风表达。这一趋势从"在地化"到"时尚化"再到"知识产权化"逐步演变，表明中国风格的消费正在发生新的转变。①服饰本身所承载的历史性和民族性的文化理念为其赋予了更高层次的价值。当服装与文化融合时，它能够创造出更丰富和有意义的产品，从而有效地传播地域文化。对服装的设计方案需要根据不断变化的社会环境状况和用户特征做出相应的调整，这样的设计方案对于提升产品的价值和促进消费具有重要的意义。

根据《中国文化产业发展报告（2021）》，"千禧世代"和"Z世代"等新兴人群的不断涌现为中国文化经济在国内和国际市场中实现双循环发展提供了新的消费动力。②"新国风"时尚对年轻人具有显著影响，其广泛的社会影响可以归因于其在满足个体时尚需求的同时，还能传达中国文化元素内在的价值。因此，研究中国风格服装设计创新策略有利于促进中国文化的传播和经济发展。本书的理论发现可为设计专业大学生、教育从业者和设计师的实践提供理论指导。

二、国内外研究综述

（一）国内研究综述

目前国内对中国风格服装设计的研究视角较多维。研究内容涵盖"国潮"的兴起、汉服的复兴以及中式婚礼服饰的创新设计，深入传统文化与服装设计的融合、区域文化与服装设计的交融，以及时尚需求与审美偏好的分析和评价。

---

① 2021年中国消费趋势报告［EB/OL］. https：//mp. weixin. qq. com/s/bfq0bmDcZrWx2bMandbsoQ.

② 人民智库. 中国文化产业发展报告（2021）［EB/OL］.［2021-09-21］. https：//baijiahao. baidu. com/s? id=1690775015575240958.

1. 传统文化与服装设计的融合

在传统文化与服装设计融合之研究方面，诸多学者提出了独到见解。余卫华认为，西方时尚界对中国风格的追捧源于反现代思潮、对中国艺术的向往及中国市场的巨大引力，并将中国风格设计风格归纳为华丽、简约、后现代。[①]杨淑慧透过案例分析，探究了"维多利亚的秘密"时尚秀中中国风元素的创新应用，认为这种创新有助于中国文化的全球传播。[②] 王巧的研究着眼于传统美学与现代设计思维的结合，以及传统文化内容与西方表现手法的融合，力图挖掘新中式针织服装所蕴含的设计内涵和文化特性。[③]卞向阳与李林臻提出，"新国风"时尚的文化特征表现为显性符号与隐性内涵之共存，传统文化与现代文化之整体场域，以及中国文化在全球文化跨情境中的交融。[④] 杨硕强调时装作为"国潮"文化推动力的角色，并指出未来"国潮"发展需加大设计成本投入、挖掘本土文化元素、发挥时装秀市场导向性并进行线上线下的合作营销。[⑤]冯明兵视传统文化为"国潮"设计的根本，强调优秀传统文化的选择及在传统东方美学基础上的时尚创新。[⑥]曲彦臻分析了吉祥图案、色彩搭配等在中式婚礼服饰中的应用现状，并探索了设计语言的创新方法。[⑦] 张姣提出在现代服装设计中融入汉服元素的重要性，以传承和弘扬优秀传统文化，并开拓新

[①] 余卫华. 西方时尚中的中国风格 [J]. 丝绸, 2010 (11)：32-35.

[②] 杨淑慧. 中国服饰文化的国际传播——2016 年维密秀中国风研究 [D]. 西安：西北大学, 2017.

[③] 王巧. 新中式针织服装设计特征及其路径 [J]. 毛纺科技, 2019, 47 (11)：45-50.

[④] 卞向阳, 李林臻. 新时代中国服饰中的"新国风"时尚 [J]. 美术观察, 2021 (2)：23-25.

[⑤] 杨硕. "国潮"研究：潮牌文化与中国文化融合下的服装设计新趋势 [J]. 湖南包装, 2020, 35 (2)：102-106.

[⑥] 冯明兵. 论"国潮"设计中传统文化的善用与创新 [J]. 美术大观, 2021 (1)：158-159.

[⑦] 曲彦臻. 传统元素在中式女性婚礼服设计中的创新应用研究 [D]. 长春：长春工业大学, 2019.

的设计视野。①王煜则以《考工记》中关于"车"的设计思想为线索，探究汉服设计中所体现的中国传统文化精神和服饰工艺的文化内涵。② 陈霞研究了设计的影响因素，指出以中国元素为主题的服装设计体现出五大特征：综合形态、色彩装饰、形态构成、过程物化和意象构建。③

2. 区域文化与服装设计的交融

区域文化与服装设计交融的研究亦颇为丰富。严加平的研究显示，扬州工笔绣在女装设计中的时尚化应用，不仅促进了地方手工艺文化的传承与发展，还增强了文化自信和提高了地区知名度。④ 王巧视南京云锦纹样为"新中式"服装构建的重要元素，认为其有助于民族精神的传承。⑤章莉莉和李姣姣提出"国潮"是传统文化、时代精神、东方文化与国际时尚融合的跨界创新，可促进中国文化的再生产，并赋予刺绣等传统技艺新的功能和美学价值。⑥

3. 时尚需求和审美偏好

在时尚需求和审美偏好方面，徐娟结合当代消费需求，将旗袍元素运用于中式婚礼服饰的创新设计，以满足当代消费者的审美需求。⑦

综上所述，当前研究主要聚焦于如何在现代服装设计中融入中国古代服

① 张姣. 从汉服风貌观现代服装设计的民族文化传承与运用 [J]. 染整技术，2016，38（1）：17-19.

② 王煜. 浅析《考工记》"车"中"天人合一"设计思想在汉服设计中的运用 [J]. 纺织报告，2020，39（12）.

③ 陈霞. 当代中国风格服饰探究 [D]. 西安：西安美术学院，2015.

④ 严加平. 扬州工笔绣在新中式毛呢女装设计中的应用 [J]. 毛纺科技，2018，46（10）：68-72.

⑤ 王巧. 南京云锦纹样及其在新中式服装设计中的应用 [J]. 丝绸，2019，56（5）：60-65.

⑥ 章莉莉，李姣姣. 新时代国潮热视域下的刺绣传统工艺创新设计 [J]. 美术观察，2021（2）：18-19.

⑦ 徐娟. 现代女性中式婚礼服的创新设计研究 [D]. 郑州：中原工学院，2014.

饰、传统艺术和文化符号等元素，以表达中国深厚的历史文化特征。新时代中国风格服装设计不仅是国家符号的载体，更是传承和弘扬优秀传统文化的重要途径。然而，目前的研究多局限于单一视角，缺乏宏观、系统性的研究，此为本书提供了研究拓展的空间。

（二）国外研究综述

在考察国外学术界对于新时代中国风格服装设计研究的现状时，我们不难发现，尽管研究相对较少，但已涌现出一些值得关注的学术观点。这些研究主要分为三个维度：文化与服装设计的融合、服装设计的可持续发展，以及不同社会群体在服装体验与消费行为上的差异。

1. 文化与服装设计的融合

在文化与服装设计的融合方面，Xue Sisi 通过案例分析方法，深入探讨了中国风格的成因，其受到中国年轻一代文化的影响，呈现出一种以年轻群体为导向的新趋势。[①] Nan Qiao 和 Tan Yan-Rong 提出了中式婚礼服设计的创新理念，主张在设计中融入中国传统色彩、吉祥图案、自然景观以及书法艺术，并与西式婚纱的款式特征相结合，力图在保持审美特性的基础上，强化设计意境及元素运用的象征意义。[②]

2. 服装设计的可持续发展

服装设计的可持续发展亦受到关注。Yan Yuan 和 Chen Yang 等学者提出了零浪费设计的概念，将其视为一种创新性的设计方法，为中国风格服装设计注入了新的思维与美学理念。通过零浪费设计实践，他们总结了该方法在中国风

---

① Sisi Xue. A Study on New China Style in Contemporary Fashion [D]. Konkuk University，2020.

② Nan Qiao, Tan Yan-Rong. Talk About the Chinese Wedding Dress of Modern Women [J]. DEstech Transactions on Social Scierce Education and Human Science，2018.

格时尚品牌中的具体应用。①

3. 时尚体验与消费行为

在时尚体验与消费行为方面，Shu Yunfeng 从顾客感知价值理论出发，构建了"新中式"服装顾客感知价值的评价体系和模型，优化了顾客体验，完善了"新中式"服装的评价程序。② HBF Al-Shahrani 对"国潮"产品的吸引力因素进行了深入研究，采用可视化方法探讨了消费者的情绪与偏好。③ Liu Hongwen 等则从产品质量理论出发，构建了一个包含产品质量因素、消费者态度以及购买意愿的理论模型，并通过问卷调查与结构方程建模方法对其进行了实证检验。④

综上所述，国外学界对于当下中国风格服装设计的研究聚焦于设计创新、可持续设计以及消费行为等方面。通过对中国风格服装体验的深入探讨，我们能够更加全面地理解公众对于中国风格的态度与感受，进而揭示其文化内涵与社会意义。然而，当前研究尚存在局限性，主要表现为视角单一、缺乏宏观角度的系统性研究，此为本书提供了拓展的空间。

三、研究内容与方法

本书致力于运用扎根理论的研究范式，重新诠释新时代语境下的中国风格服装设计概念与内涵，构筑一个较全面的理论分析框架。本书围绕中国传统文

---

① Yan Yuan, Chen Yang, et al. Study on the Application of Zero Waste Design in New Chinese-Style Fashion Brands [C]. The 9th Textile Bioengineering and Informatics Symposium in Conjunction with the 6th Asian Protective Clothing Conference, 2016.

② Shu Yunfeng. Research on Customer Perceived Value Evaluation of New Chinese-Style Clothing Based on PSO-BP Neural Network, Scientific Programming [R]. 2022.

③ HBF Al-Shahrani. A Study on the Attractive Quality Attributes of Guochao T-Shirt Products Based on Consumer Emotional Experience [J]. Journal of Silk, 2022, 59 (2): 55-67.

④ Liu Hongwen, Li Xiaohong, Romainoor Nurul Hanim. Qualia of New Chinese-style Clothing Products, Consumer Product Attitude and Purchase Intention (Article) [J]. Journal of Silk, 2021, 57 (11): 58-65.

化主题的服装设计进行深度探讨，旨在指导服装设计从业者在中国风格服装设计领域的创新性决策，促进中华优秀传统文化与服装设计的有机融合，为理论与实践带来新的启示，提升中国服装设计在国内外市场的竞争力与影响力。

本书主要探讨三个问题：首先，如何界定新时代语境下中国风格服装设计的概念与内涵？其次，如何解析中国风格服装设计的创作过程？最后，如何构建新时代中国风格服装设计创新理论框架？基于这三个问题，本书旨在开发一种系统性和学术性的理论模型，以探索和解决中国风格服装设计领域面临的问题。本书采用 Sauders 等提出的"研究洋葱"模型，①确保研究的系统性和学术性，该模型将研究过程划分为六个阶段，以实现研究的系统性构建。"研究洋葱"是一个进行学术研究的步骤模型，可以对每个研究阶段提供详细说明，并促进学术研究的系统性和体系化。②

本书运用扎根理论方法进行系统性研究，整体研究设计采用"研究洋葱"模型，以提高研究的系统性和完整性。在第三章，将详述"研究洋葱"模型在本书中的应用，包括如何指导研究过程。该模型作为一个综合性分析框架，覆盖研究目标、问题设定、研究方法选择、数据收集技术选择、研究设计构建、数据收集和分析、研究结果解释等各个环节，确保研究的概念的完整性和严谨性，提高研究成果的质量和有效性。

质性研究适用于从参与者视角深入理解社会环境或活动，③即适用于研究与人类直接相关的现象。在质性研究方法中，Strauss 和 Corbin 提出的扎根理论已成为解释现代社会各种变化的重要工具，是通过重构现象推导出过程机制的螺旋研究。④扎根理论也可应用于服装设计领域，学者们已从不同视角运用

---

① Saunders M, Lewis P, Thornhill A. Research Methods for Business Students (7th ed.) [M]. England: Pearson Education Limited, 2016: 124.

② Sahay A. Peeling Saunders's Research Onion, Research Gate [J]. Art, 2016: 1-5.

③ Bloomberg L D, Volpe M F. Completing Your Qualitative Dissertation: A Road Map from Beginning to End [M]. Sage Publication, 2018: 93.

④ Strauss A L, Corbin J. Basics of Qualitative Research: Grounded Theory Procedures and Techniques [M]. Newbury Park, CA: Sage, 1998: 12-13.

扎根理论进行了探索，并开发了相关理论框架。①②③ 本书运用扎根理论方法，从中国风格服装设计创新路径的角度出发，开发整体性的理论分析框架。

本书致力于通过半结构化的访谈手段，针对研究目的选择访谈对象，运用扎根理论及 MAXQDA 等计算机软件对访谈资料进行分析与编码。通过开放式编码、主轴式编码与选择性编码的三级编码过程，提炼并归纳涌现的概念与范畴，深入领悟中国风格服装设计的特质与内在意蕴，阐释中国风格服装设计的相关要素间的关系，解析中国风格服装设计的创作过程，构建新时代中国风格服装设计创新理论框架。

此外，本书采用了 Denzin N 提出的三角验证方法，以确保研究的质量。通过资料三角化、理论三角化、调查者三角化和方法三角化的验证，对研究各阶段进行系统性总结。④本书运用目的性抽样和滚雪球抽样方法，⑤ 选择了 30 位对中国风格品牌服装设计具备深刻洞察的利益相关者，对其进行深度访谈，以收集有效数据。本书的研究成果，将为新时代语境下中国风格服装设计提供理论依据与实践指导。

本书共分为五章。

第一章为理论背景，深入分析中国风格服装设计的发展脉络与现实境况，探讨在新时代背景下，研究中国风格服装设计创新路径的重要性。

第二章详尽阐述研究设计与方法论。本书整体设计借鉴"研究洋葱"模型，以扎根理论为研究策略，并运用三角测量方法验证研究内容的有效性，以

---

① Ja-Young Hwang. Fashion Designers' Decision-making Process: The Influence of Cultural Values and Personal Experience in the Creative Design Process [D]. Iowa State University, 2013.

② Lee J H, Jiwon A. Theoretical Competence Model of Fashion Designers in Co-Designed Fashion Systems [J]. Fashion Practice, 2018, 10 (3): 381-404.

③ Jang N. Fashion Designer Competency Modeling [J]. Fashion & Textile Research Journal, 2018, 20 (4): 369-378.

④ Denzin N. The Research Act: A Theoretical Introduction to Sociological Methods [M]. Third Edition. New York NY, Prentice Hall, 2009: 313.

⑤ Bryman A. Social Research Methods (5th ed) [M]. Oxford University Press, 2016: 417.

确保研究质量。

　　第三章对所搜集资料进行系统的定性分析。通过开放式编码、主轴式编码与选择性编码的资料比较分析，深入解读中国风格服装创新设计的生成过程。

　　第四章构建了中国风格服装设计创新理论模型。基于资料分析构筑了一个全面而系统的理论框架，对中国风格服装设计的内在逻辑与构成要素进行深入解析和阐述，确保理论与实践的高度统一。

　　第五章着眼于中国风格服装设计的未来展望。从文化的传承与创新、文化自信的树立、设计自主性的提升、技术创新、品牌建设以及服务品质的升级六个层面，全面探讨了中国风格服装设计在未来的发展轨迹，为服装领域的持续进步提供战略性的思考与指引。

第一章　中国风格服装设计概述

回溯历史的长河，中国风格服装经历了岁月的洗礼与沉淀，逐渐形成了独特的文化韵味。本章将深入剖析这一服饰风格的历史演进轨迹，并在此基础上着重探讨在新时代背景下中国风格服装设计的三种主要表现形式。

第一节　中国风与中国风格服装

一、中国元素在西方的出现

亚历山大大帝的东征不仅是一场军事征服，更是一次文化的交流与传播，其中波斯文化的卡夫坦（Kaftan）服饰样式随着军事征服的步伐传入西方。这一服饰的传入为东方元素在西方服饰文化中的渗透提供了桥梁。在罗马帝国时期，东方服饰的影响力达到了一个历史性的高峰，其独有的特征和文化符号通过贸易、文化交流以及帝国的军事扩张而逐渐西渐，与西方服饰文化融合交织。

东西方服饰文化的交流源起于织物的交流。公元前2世纪，随着纱线、印度珠宝、棉织品和中国丝绸的广泛传播，东方与西方的服饰文化开启了深层次的对话与交流。这些织物的引入对西方服饰风格产生了显著的影响，为东西方服饰文化的长期交流奠定了坚实的基础。11—13 世纪，十字军东征作为一场宗教性军事行动，促进了织物染色技术的交流。这一时期，西方对东方的织物染色技术表现出了极大的兴趣。14—15 世纪，随着交流的深入，丝绸、瓷器和绘画等中国物品被带回欧洲，它们成为社会精英追求的时尚奢侈品，并对西方服饰风格乃至艺术文化产生了深远的影响。16—17 世纪，地理大发现和东印度公司的成立进一步促进了东方服饰文化在西方的传播。东方物品如丝绸、香料和珠宝成为东西方贸易的重要商品，激发了西方对东方文化的浓厚兴趣。公元 4 世纪左右，中国纺织品出口至拜占庭帝国，激发了拜占庭对中国丝绸生产技术的模仿。自 14 世纪起，丝绸生产技术逐渐传入意大利的卢卡和威尼斯，这些地区成为欧洲的丝绸生产中心。当地的纺织工匠开始学习和模仿中国的纹样设计，使中国的纹样在西方纺织品中得到了广泛应用。16 世纪的意大利佛罗伦萨，宝相花图案设计展现了西方对中国传统文化的向往和喜好，这种图案源自中国传统的云锦技术，通过对中国纹饰和图案的运用，在西方文化中形成了独特的艺术风格。此外，中国式斗篷和袍服的设计中也明显可见中国传统服饰的元素，具体见表 1-1。

表 1-1　　　　　　　　　　　　17 世纪以前的中国风服装

	中国式织物	中国式织物	中国式斗篷
图片			
说明	14 世纪，意大利	15 世纪，意大利	16 世纪后半期，法国

二、17—18 世纪的中国风

"中国风"（Chinoiserie）这一术语源自法语，其渊源可追溯至 17—18 世纪的西方世界。在此期间，中国文物和艺术品通过贸易途径传入西方国家，激发了西方对东方异国情调和中国风格装饰艺术的浓厚兴趣。1878 年，"中国风"一词被正式收录于《法兰西学院词典》，定义为"源自中国的艺术品、家具或其他奇特珍品，或根据中国品位制作的物品"。① 在《英汉百科知识词典》中，"中国风"被描述为 17—18 世纪西方室内设计、家具、陶器、纺织品和园林设计的一种风格，它融合了巴洛克式和洛可可式艺术元素，其特点包括贴金和涂漆工艺、蓝白色对比、不对称设计，以及摒弃传统透视画法，转而采用东方图案和花纹。②

在美术领域，中国风指的是以中国式人物和故事场景为装饰主题的艺术创作。在西方美术史研究中，中国风被视为 18 世纪洛可可艺术的组成部分，是法国装饰艺术中借鉴东方异国形象而形成的一种艺术风格。

中国风始于 17 世纪的英国、意大利等欧洲国家的工匠们对中国工艺品中装饰纹样的运用。1670—1671 年，在凡尔赛宫的庭院特里亚农宫的中式塔和亭子中最早出现了中国风。③中国风作为一种艺术风格，反映了欧洲人对中国艺术的理解和对中国文化背景下的风土人情的想象，融合了西方传统审美情趣的因素。

中国风于 17 世纪中期开始兴起，18 世纪中期盛行，18 世纪末期受到法国大革命、中国形象的转变以及新古典主义的兴起等因素的影响而逐渐衰落。中国风设计类型主要涵盖题材、色彩、构图等方面，具体内容见表 1-2。④

---

① 张省卿. 东方启蒙西方——十八世纪德国沃里兹（Wörlitz）自然风景园林之中国元素 [M]. 台北：辅仁大学出版社，2015：37-44.

② 张柏然. 英汉百科知识词典 [M]. 南京：南京大学出版社，1992：194.

③ 袁宣萍. 十七至十八世纪欧洲的中国风设计 [M]. 北京：文物出版社，2006：137.

④ 袁宣萍. 17—18 世纪欧洲的中国风设计 [D]. 苏州：苏州大学，2005.

表1-2　　　　　　　　　　　中国风设计的类型和特点

类型	区　分	特　点	图　片
题材	中国人物	夸张的人物造型	
	中国事物	不太真实的风俗、异国情调的风景、奇异的东方植物和动物、器物、几何纹样	
色彩	蓝白色组合	来源于中国青花瓷	
	黑色、红色、金色的组合	黑色与金色，红色与金色，或黑色、红色与金色的色彩组合，来源于中国与日本外销漆器，具有豪华富丽、异国情调的感觉	
	多彩色	绿色、粉红、玫红、奶白、米黄、浅绿、浅粉	
构图	不对称与不规则	打破欧洲古典主义严格的教条，表现出不对称、曲线、温柔与可爱，引发想象的空间，表达轻松的态度	
	鸟瞰的视角与散点透视	观赏者处于居高临下的视角，给人以近距离的审美感受，这与西方绘画中的固定视角和焦点透视不同	
	不严格的比例关系	为了达到更好的装饰效果，构图设计的象征性大于再现性	

　　在服装设计领域，"中国风"的体现主要集中于纺织品纹样以及服装款式

与色彩的设计上。① 17—18 世纪，法国的里昂和图卢兹以及英国的斯皮塔菲尔德成为丝绸工业的核心地带。在这些地区，中国元素如宝相花纹，出现在英国王室所使用的床罩之上，赋予了巴洛克美术风格以庄重与华丽的美学特质。18世纪的中国风纺织品纹样设计，是将虚构的中国元素与实际的欧洲风格相结合，以花卉为主题，造型夸张而多样化，体现了洛可可风格的轻盈与细腻。受到中国清朝贵族风格和不同时期汉族风格的影响，西方的舞台服装和化装舞会中出现了中国风样式。1779 年，J. B. Martin 的版画展示了中国风格的芭蕾舞服装，其特征包括尖顶帽子和夸张的领子等，融合了中国服饰元素与洛可可服装风格的设计。此外，在日常生活服装中，中国风的艺术风格同样得到了体现。艺术家 Jean Pillement 创作了众多描绘中国人生活方式和花卉的装饰纹样，这些纹样色彩鲜艳，形态夸张，体现了写实与夸张相结合的艺术风格。这些纹样广泛应用于丝绸和棉织品，以及制作各类服装，从而在西方世界营造出一股中国风的时尚潮流，见表 1-3。

表 1-3　　　　　　　　　　　纺织品和服装中的中国风

区分	纺织品设计	服　饰	
		舞台服装	普通服装
图片				
说明	中国风织物，18 世纪，法国	中国风棉织品，1766	芭蕾舞服装，J. B. Martin，1779	女服，Jean Pillement，1976

---

① 包铭新. 欧洲纺织品和服装的中国风 [J]. 中国纺织大学学报，1987，13（1）：91-97.

纵览前述内容，"中国风"可视为西方装饰艺术中一种融合了中国趣味与情调的独特风格，它体现了西方世界对中国传统纹样和装饰艺术的诠释与再现。"中国风"源自西方的审美理念，是巴洛克和洛可可艺术流派中的一种表现形式，其特征在于其精致、柔美和繁复的审美特质。在 18 世纪中期，"中国风"达到了艺术发展的顶峰，并在 18 世纪末逐渐开始衰落。尽管如此，"中国风"在后续的历史时期依旧保持着其影响力，不断地在艺术领域得到延续和转化。

三、20 世纪的"中国风"服装

自 20 世纪起，随着西方对中国的开放政策的推行，"中国风"在西方世界得到了广泛的传播。在 1931 年巴黎殖民地博览会上，远东地区以及非洲的异国风情首次被引入，东方形象随之在西方艺术领域得到了进一步的推广和渗透。在服装设计领域，Paul Poiret（1879—1944）以其创新性和代表性成为一位革命性的设计师，为女装赋予了全新的艺术造型，并以其独立的精神重新定义了时装设计。

20 世纪初，东方风格的异国情调开始风靡，Paul Poiret 摒弃了传统的束缚身体的西方服装结构，创造出非结构化、风格多变的服装，这些作品展现了中国传统服饰宽大平直的结构特点和精细细节，深刻体现了中国文化的独特趣味。1931 年巴黎殖民地博览会上，中国风格和其他异国情调的服装成为焦点。从 1933 年起，长衫等中国传统服饰频繁出现在巴黎时装周的 T 台上。1949年，Christian Dior 推出的"新外观"融入了中国元素，如领带、盘扣等，展现了中国风格的独特美感。20 世纪 70 年代，随着中美关系的正常化，"毛式服装"风格传入西方。1975 年，设计师 Kenzo 推出了一系列中国风格的服装，融入了孔雀、牡丹等中国传统元素。

随着中国现代化进程的推进，"中国风"在 20 世纪 80 年代得到了进一步推广。著名时装设计师 Pierre Cardin、Junko Koshino 以及 Dior 的设计师 Castetter 在访问中国后，发现了更为现代化的中国面貌，并推动了中国时尚产业的发展。进入 20 世纪 90 年代，新东方主义融合了人性化的一面，展现了简约而多元的文化形态，同时蕴含了传统特质和对未来趋势的洞察。Jean Paul Gaultier 在 1994 年和 1996 年的秋冬发布会上，分别运用了中国藏族服饰的构成方法和塑料材料对旗袍进行创新设计，展现了一种未来感与传统的完美结合（见表 1-4）。

表 1-4　　　　　　　　　20 世纪出现的"中国风"服装设计

图片						
说明	Paul Poiret 作品，法国，1925	Madame Grés 作品，法国，1935	"毛式服装"，1967	Kenzo 作品，法国，1975	Yves Saint Laurent 作品，法国，1980	JeanPaul Gaultier 作品，法国，1994F/W

　　20 世纪的"中国风"服装设计是在中国文化内涵下对"中国意象"的重构，是传递中国传统文化和时代属性的艺术与技术的融合体，具有历史文化的继承属性。"中国风"服装设计是对服装的造型、款式、色彩和材料的思考，需要对社会文化、意识形态、公众审美等多个要素进行综合分析，并根据当代社会中时尚审美的新标准来进行创新设计。见表 1-5。

表 1-5　　　　　　　　　20 世纪后期"中国风"服装设计

时　间	内　容
20 世纪初—20 世纪 50 年代	以西方他者观点表现的中国东方主义服装
20 世纪 60 年代	根据当时中国人的着装创作的服装

续表

时　间	内　容
20 世纪 70—80 年代	超越宗教范畴的中国民族服装
20 世纪 90 年代	融合多元文化表现的 "中国风" 服装

四、新时代中国风格服装

在 21 世纪的时尚潮流中，中国风格的服装设计仍旧保持着其独特的魅力，并不断得到演进与发展。它以中国传统文化为核心主题，运用特有的文化符号、精致的细节、独特的纹饰、考究的材料以及精湛的工艺技法，塑造和展现具有中国特色的服装艺术。

新时代语境下的中国风格是一种具有中国特质的流行风格，是对中国传统文化的传承和发扬，同时关注了中国的全新面貌，表现了中国开放、自信的文化精神和价值观。中国风格服装设计是中国文化元素的现代化和时尚化创新，是立足于现代人的情感和生活方式的设计，这种设计以现代流行为基础，融合了中国传统文化和现代文化元素、中国当今社会生活中的设计元素，且符合当下人们的时尚审美和生活方式。这类服装设计作品以中国品牌为主。

总的来说，"中国风"是西方巴洛克、洛可可艺术风格的一个分支，具有精致、柔美、复杂的特征，主要表现西方的传统审美趣味，是欧洲人对中国文化的理解。"中国风"服装是当今西方服装设计师对中国文化元素的创新运用，具有后现代主义的设计特征。新时代中国风格服装是指中国本土品牌的设计，反映的是当今中国的全新面貌，符合当今社会大众的时尚审美和生活方式。中国风、中国风服装、新时代中国风格服装三种概念之间存在差异性，主要体现在设计主题和审美特征方面（见表 1-6）。①

---

① 卞向阳. 服装艺术判断 [M]. 上海：东华大学出版社，2006：189-199.

表 1-6　　　　　　　中国风、中国风服装与中国风格服装的比较

区分	差　异		
	中国风	中国风服装	新时代中国风格服装
设计主题	<ul><li>对中国文化符号的视觉化拼贴</li><li>表现为巴洛克、洛可可艺术风格主题</li><li>风格多元化混合</li></ul>	<ul><li>中国文化元素</li><li>世界文化的混合</li><li>世界舞台上的时装秀展示</li></ul>	<ul><li>中国本土原创的设计</li><li>以时尚流行为基础</li><li>中国传统文化和现代文化的融合</li><li>与社会热点事件和现代人的生活方式相关</li></ul>
审美特征	<ul><li>西方人对中国艺术的主观想象，强调异国情调</li><li>西方传统的审美情趣</li><li>精致、柔美、烦琐的装饰特征</li></ul>	<ul><li>对中国意象的重构</li><li>艺术化的装饰效果</li><li>多种设计手法的运用</li></ul>	<ul><li>传统文化和时代精神融合</li><li>中国人从中国历史的视角理解中国文化</li></ul>
图片			
	纺织品，18 世纪，法国	Jean Paul Gaultier，1994	中国品牌"LI-NING"，2021

第二节　新时代中国风格服装设计的表达形式

一、融合与创新的"国潮"风格服装设计

"国潮"现象，作为一种标识性的文化符号和消费趋势，起源于 2018 年

并迅速崛起，成为中国当代社会文化景观中的一大亮点。2019 年 11 月，清华大学文化创意发展研究院发布的"国潮"研究报告指出，"国"指中国，含义为中国的文化复兴，"潮"指潮流，表示具有中国特色的品牌产品受到广泛的关注。① "国潮"包含三个主要元素，即民族文化、国货品牌、青年力量。②中国"国潮"从供给端和消费端双向推动了国内市场的变革。在供给端，新兴的国货品牌通过创新的品类、更新的产品、革新的品牌形象来迎合现代消费者的多元化需求，不断提升中国品牌与产品的层次性，以适应日新月异的消费偏好。在消费端，公众对于国货的认知和消费心态经历了深刻的转变，消费者对新兴国货表现出极大的兴趣，并在日常生活中逐渐形成稳定的消费习惯。这种从认识到认同的转变，为国货市场注入了活力，在全社会形成一种积极向上的趋势。

在服装设计领域，"国潮"指服装设计师们基于中华民族精神、传统文化、社会生活以及时代记忆的创作，以激起广大国人的情感共鸣，实现流行文化、传统文化与现代文化的有机融合。"国潮"服装设计在继承与创新中对中国文化元素进行了解构与重构，涉及对中国传统民俗、非遗元素、历史经典元素的现代转译，包含对当代流行文化的独到见解与创意设计。这种设计手法既满足了现代人的生活需求，又体现了时代特征。

"国潮"服装设计的创新与发展进程，映射出中国设计师对本土文化的深刻洞察与独特诠释。设计师以新颖的视角重新解读传统文化元素，将其巧妙地融入服装设计，创作出既具有时代感又彰显个性的作品。这些作品传承了中国优秀文化传统，符合现代时尚的审美要求，展现了中国设计师的无限创意与丰富想象力。

"国潮"服装的影响力并不局限于国内，其在国际时尚舞台上也受到关注，标志着中国当代时尚与创意产业的崛起，为中国设计在全球范围内打造了崭新的品牌形象与影响力，推动了中国服装设计行业的繁荣发展，为中国文化的广泛传播与深入推广作出了不可或缺的贡献。

---

① 清华大学文化创意发展研究院. 国潮研究报告（2019）［EB/OL］. （2021-09-12）.
https：//max. book118. com/html/2020/0819/5222241202002332. shtm.
② 郑芊. "国潮"是风还是潮［N］. 中国文化报，2019-11-23 （4）.

以知名"国潮"品牌"LI-NING"为例，该品牌将中国传统文化元素与现代服装设计巧妙结合，其时尚的产品设计不仅深受消费者喜爱，更在国际舞台上大放异彩，成为中国"国潮"服装设计在文化传承与创新中发挥作用的典范（见表1-7）。

表 1-7　　　　　　　　　　　　　　"国潮"服装设计

中国文化元素	非物质文化遗产元素	历史经典元素	现代文化元素
图片			
设计特征	• 京剧 • 卡通形象	• 生肖图案"虎" • 吉祥颜色"红色" • 传统吉祥图案"元宝"	• 中国敦煌博物馆联名款式 • "丝绸之路"的故事主题

二、改良与革新的中式婚礼服饰设计

中式婚礼服饰承载了悠久的中华民族文化传统与深厚的历史积淀，其演变轨迹在《中国风俗通史·清代卷》这一文献中有较详尽的阐述。据记载，清代汉族女性的婚礼装扮沿袭了明朝的服饰风格，以凤冠霞帔、云肩、褂裙以及红盖头等元素为主要标志，体现了传统的审美意蕴。然而，在清朝末年，随着社会的深刻变革，婚姻和家庭观念亦经历了一场革命，催生了"新式婚礼"与"文明结婚"的概念。"新式婚礼"和"文明结婚"是指采用西方结婚礼仪，是相对于烦琐的传统婚礼形式的一种变革，也是中国现代服装史上的第一次对外交流。①

民国时期，婚礼服饰经历了显著的转变，从传统逐渐向西化倾斜，最终形

---

① 王革非，季勇.我国女性传统婚服的文脉与趋势［J］.纺织导报，2015（1）：70-71.

成了中西合璧的风格。西式婚服在知识分子和社会精英的影响下，逐渐为民众所接受。中华人民共和国成立初期，婚礼仪式的简化使得婚礼服饰转向日常着装和军装，体现了时代背景下的实用主义精神。20 世纪 80 年代，随着中国东南沿海城市的开放，西式婚礼服饰再次进入人们的视野，女性身着白色长裙搭配红色外套，男性则选择中山装或西装，呈现出中西交融的服饰风貌。婚纱摄影的流行更加推动了这种趋势，西式礼服成为婚礼和纪念照的首选。①

中国历代婚礼服饰的多样性，为现代多元文化背景下的婚礼服饰设计提供了丰富的灵感来源，使其成为蕴含深厚历史底蕴、鲜明文化标识和多元流行元素的综合体。中式婚礼服饰的演变，反映了时代和社会的变迁，体现了民族审美趣味的演进。

在当下中国市场，中式婚礼服饰主要有旗袍、龙凤褂、秀禾服和凤冠霞帔4 种类型，② 在设计特征上展现出各自独特的款式、色彩、材质、装饰图案和工艺技法。第一，旗袍是一种具有典雅曲线的修身裙装，常以丝织面料为主，追求柔美的线条和流畅的剪裁。其特色在于独特的高领设计、修身的剪裁以及绣花、刺绣等传统装饰元素。旗袍的色彩多样，可以是传统的红色、金色或黑色，也可以是现代感强的亮色。这种婚礼服饰强调女性身材的优美曲线，展现了中式服装的典雅韵味。第二，龙凤褂是一种华丽的男女婚礼服饰，通常采用丝绸、绢等光滑面料制作而成。龙凤褂的款式以宽大的袖口和肥大的裙摆为特点，色彩鲜艳且图案繁复，常常采用金丝、银丝等绣边装饰，以及龙、凤、花鸟等吉祥图案。这种婚礼服饰富丽堂皇，展示了华贵、吉祥的中式传统元素。第三，秀禾服是一种源于古代宫廷文化的婚礼服饰，以其独特的造型和细腻的绣花工艺而闻名。秀禾服的设计灵感来源古代嫔妃的服饰，注重线条的流畅和平衡。它常采用绢、绸、缎等织物，以及金线、银线等珍贵材料进行精细的刺

① 张春艳，李凤英. 中国当代婚姻仪式及消费习俗的变迁 [J]. 文化学刊，2009 (6)：129-132.
② 王馨子. 人工智能背景下中国婚礼服设计模式探究 [J]. 丝绸，2021，58 (3)：120-126.

绣和绣花装饰。秀禾服常以雅致的色彩搭配，配以花鸟、山水、云水等优美的图案，彰显了中式服饰的典雅和华美。第四，凤冠霞帔是汉族传统婚礼的代表性服饰，常由红盖头、云肩、褂裙等组成。凤冠霞帔的设计注重对称和平衡感，其图案多采用凤、龙和花鸟等吉祥元素，以及红色、金色等喜庆色彩。这种婚礼服饰体现了中国传统文化中对吉祥和幸福的追求。

中式婚礼服饰的设计需综合考量审美趋势、消费水平、个性化需求和生活环境等多方面因素，通过巧妙运用各种设计元素，传递出中式婚礼服饰所蕴含的丰富文化内涵、深厚情感与独特的审美价值（见表1-8）。

表 1-8　　　　　　　　　　　　　　　　　中式婚礼服设计

分类	旗袍	龙凤褂	秀禾服	凤冠霞帔
图片				
设计特征	• 高领 • 细腰 • 盘扣 • 侧缝	• 圆领/立领 • 细腰 • 马面裙	• 圆领/立领 • 宽松 • 云肩 • 马面裙/百褶裙	• 圆领 • 通袖袍 • 马面裙 • 凤冠、霞帔

三、仿古与再现的汉服设计

汉服，作为华夏民族的传统服饰，其历史悠久，源远流长，可划分为传统汉服和现代汉服。① 传统汉服源于明朝之前，在中国及其周边地区根植了深

———————

① 周星，杨娜，张梦玥. 从"汉服"到"华服"：当代中国人对"民族服装"的构建与诉求 [J]. 贵州大学学报（艺术版），2019，33（5）：46-55.

厚的文化土壤,彰显了汉民族的特征与性格,在与各民族服饰的交流与碰撞中形成了独具一格的风格,鲜明地界定了汉民族的服饰文化。现代汉服则是在辛亥革命之后,基于传统汉服的深厚底蕴逐渐演变和发展而来,继承了汉民族传统服装的样式,是一种文化特征的展现和情感寄托,也是民族认同的象征。现代汉服的独特性使其在多元文化的交融中,仍然保持着鲜明的民族特色。

汉服的款式可分为上衣下裳和深衣制两类,其主要特点包括平面剪裁、交领右衽(领子左右相叠,外形呈字母"y"形)、绳带系结(不采用扣子和拉链,而是用绳带进行系结)、宽袍大袖(礼服多为宽袍,日常服饰可能会有窄袖)、衣裾以及袖口缘边等(见表1-9)。

表1-9 汉服的款式

分类		深 衣 制	上 衣 下 裳
图片		中国西汉时期印花彩纱丝锦袍	中国明朝初期女子服装
特征	结构	• 上衣和下衣分别裁剪,再缝合起来,使上衣和下衣连成一体 • 交领右衽 • 宽大的长袖	• 上衣和裙子分开裁剪和缝制 • 短上衣和裙子一起的搭配称为襦裙 • 对襟,直领
	色彩	黄色系	浅黄色系
	纹样	如意云纹	斜纹花
	面料	丝绸	绢

在当代中国社会，青年群体所推崇的现代汉服，并非对传统汉服的简单复制，而是在深刻理解传统服饰文化的基础上，结合现代审美趋势，保留传统民族服装的形态特征并对其进行局部创新的结果。现代汉服的兴起，是对传统服饰文化认同的一种现代诠释，是对历史的回顾，更是对文化传承的积极参与。

在特定的文化节日，如中国华服日、汉服节等，现代汉服已成为一种文化现象，体现了现代人对传统美学的追求和对民族身份的强调。现代汉服的设计，以设计师和消费者对传统服饰的热爱为灵感源泉，通过对古代着装风格和氛围的模仿与再现，营造出一种充满东方韵味的审美体验。

现代汉服设计充分运用了现代的制衣技术、面料选择和文化元素，使得汉服在保留传统风貌的同时，更符合现代人的审美需求和时代精神。在制衣技术方面，现代汉服的制作工艺精湛，服饰更加合体舒适，同时提高了生产效率，满足了现代社会对效率的追求。在面料选择方面，现代汉服采用了更现代化的材质，如丝绸、尼龙、棉等，这些面料轻盈透气，易于保养，而且通过现代技术处理，质感和色彩更加丰富多彩，满足了消费者个性化和多样化的需求。在文化元素的运用方面，现代汉服设计师们巧妙地将传统元素与现代审美相结合，如图案设计、剪裁手法和配饰搭配等，使得汉服在保持民族特色的同时，也展现了时尚感和时代感，更好地适应了现代社会的发展趋势（见表1-10）。

表1-10　　　　　　　　　　　　现 代 汉 服

分类	深 衣 制	上 衣 下 裳
图片		

续表

分类		深 衣 制	上 衣 下 裳
特征	款式结构	• 宽大的长袍、立领、宽袖	• 交领 • 上衣和下衣分开
	色彩	• 蓝色，黄色	• 红色、黄色
	图案	• 传统纹样"龙纹"	• 植物纹样
	面料	• 绸缎面料	• 绸缎面料

第三节 小 结

在审视中国风格服装的演变轨迹时，我们首先可以追溯至 17 至 18 世纪，彼时中国风初露锋芒，乃西方装饰艺术中的一种流派，以其特有的东方趣味和情调，体现了西方世界对中国传统图案与装饰艺术的诠释与借鉴。继而，在 20 世纪国际舞台上展现了中国风服装风貌，其不仅是对中国文化内涵的视觉重构，更是传统与时代精神技艺的融合，承载了深厚的历史文化继承。步入新时代，我们目睹了中国风格服装的全新诠释，其以现代流行趋势为基调，融合了中华传统文化与现代文化精粹，源自当代中国社会生活的设计灵感，契合了时尚审美，顺应了现代生活节奏。

新时代中国风格服装设计的表达形式，主要聚焦于"国潮"风格服装的融合与创新、中式婚礼服饰的改良与革新，以及现代汉服设计的仿古与再现。首先，"国潮"服装风格，凝聚了中国精神、文化传承、社会记忆与时代特质，其设计过程推动了文化创新，映射了当代青年人的文化自信、情感需求、价值归属与社群认同。其次，中式婚礼服饰成为承载深厚历史、鲜明文化标识和多元流行元素的综合体，在新时代年轻人对传统文化的重新发现中，得到了新的发展机遇。创新的中式婚礼服饰设计，既满足现代审美需求，又符合穿着实用性。最后，现代汉服作为现代服装设计的一环，始于设计师与消费者对古典服饰的热爱，通过对古代装束与氛围的模仿，重现了浓郁的东方风情，成为传递中国历史文化与国家形象的媒介。数字化技术与新媒体传播手段的运用，开辟了汉服文化传播的新路径。

综上所述，"国潮"服装、中式婚礼服和现代汉服这三种典型的中国风格服装，共同展现了融合性、民族性、象征性与创新性四大特征。它们汲取传统精髓，与现代时尚完美融合，塑造出独一无二的服饰风貌，彰显了中华民族的独特气质和文化多样性，成为身份认同、文化传承和时代精神的象征。这些服装在继承传统的基础上，通过采用新型材料、先进工艺和现代剪裁，为传统元素注入新的活力。这种创新精神不仅符合当代审美趋势，更为中国服装设计领域带来了全新的动力。

中国风格服装，是中国传统文化独特魅力的体现，也是其繁荣发展的象征，更是时尚界崭露头角的新趋势。在新时代的语境下，深入探讨中国风格服装设计的创新策略，意味着在保留和传承传统文化精髓的同时，激发创新的活力，推动时尚的前沿发展，从而为整个时尚产业的繁荣与进步作出不可或缺的贡献。

第二章 研究设计

　　研究设计是整个研究工作的规划，是确保研究质量
的关键环节。本章从研究问题构建、研究设计与执行程
序、研究方法、研究对象与资料收集、分析步骤、研究
质量等方面对本书的实施过程进行了分析，以确保能解
决本研究的核心问题。

第一节　研究问题构建

　　本书使用 Turner 的理论构建策略来推导研究问题。①
该策略由主要倾向性规则、说明性规则和研究规则组成。
主要倾向性规则是研究中需要遵循的指导原则，用于确
保研究问题的一致性和连贯性，这些规则可以帮助研究
者明确研究的目标和重点，并提供一个清晰的方向。说
明性规则用于详细描述研究问题，解释研究背景和目的，
这些规则有助于建立理论框架和进行文献综述，以形成
研究问题所需的理论背景。研究规则是指在研究过程中

---

① Turner R. Strategy for Developing an Integrated Role Theory [J]. Humboldt Journal of Social Relations，1979，7（1）：123-139.

需要遵循的具体步骤和方法，这些规则包括数据收集、数据分析和结果解释等方面，通过遵循这些规则，研究者可以获得可靠的研究结果，并对研究问题作出回答。

为了确定关键假设，研究者提出一系列"为什么"的问题。这些问题帮助研究者识别研究问题的核心，并通过提出相应的"问"和"回答"来进行辩证推理。①这个辩证过程有助于从不同角度探究研究问题，并找到解决问题的可能路径（见表 2-1）。

表 2-1 理论构建策略

策略	内容
主要倾向性规则	一个命题成为寻找新理论知识的基本前提
说明性规则	能够以语言方法对理论整合进行具体解释的解释规则
研究规则	关系的陈述，它可以用来预测假设的比率、程度或类型

定性研究可以回答内容和方式。②定性研究可以通过深入理解和描述现象的方式回答研究内容的问题，而通过采用特定的方法和技术回答研究方式的问题。这种研究方法可提供丰富的信息和深入的洞察，对于研究复杂或不完全了解的问题非常有价值。本书将通过以上理论形成构建策略并探索关于新时代语境下中国风格服装设计的 3 个研究问题。具体见表 2-2。

---

① Kim C. Effects of Acculturation, Leisure Benefits, and Leisure Constraints on Acculturative Stress and Self-esteem Among Korean Immigrants, Doctoral of Philosophy [D]. Texas A&M University, 1999: 16.

② Marshall M. Sampling for Qualitative Research [J]. Family Practice, 1996, 13 (6): 522-526.

表 2-2 本书的研究问题

研究问题 \ 区分	1. 如何界定新时代中国风格服装设计的概念与内涵？	2. 如何解析新时代中国风格服装设计的创作过程？	3. 如何构建新时代中国风格服装设计创新的理论框架？
提出问题 （proplem）	明确新时代语境下中国风格服装设计的概念与内涵	提出新时代语境下中国风格服装设计的创作过程形成的必要性	提出构建新时代中国风格服装设计的创新策略的必要性
目的 （purpose）	将新时代中国风格服装设计概念和内涵具体化	通过系统的定性研究进行创造性解读，分析中国风格服装设计的创作过程	基于中国风格服装设计创作过程，构建中国风格服装设计创新策略的概念框架
主要倾向性规则 （postulates）	以文献和访谈资料为基础，运用扎根理论方法进行资料分析	以文献和访谈资料为基础，运用扎根理论方法进行资料分析	运用扎根理论方法，构建中国风格服装设计的创新策略
说明性规则 （derivations）		探索中国风格服装设计的创作过程，并对其进行解释	基于中国风格服装设计创作过程，解释中国风格服装设计的创新策略
研究规则 （research precepts）			根据范畴之间的关系，探究核心范畴，整合系统性理论框架

第二节　研究设计与执行程序

本书采用了三种理论框架进行探究，以实现研究目标并解决研究问题。第一种是 Saunders 等提出的研究洋葱理论模型，用于构建研究的整体框架。第二种是 Strauss 和 Corbin 提出的扎根理论，它作为本书的研究策略加以活用。第三种是 Denzin 的三角测量方法，以确保研究的有效性。

一、研究设计的 6 个阶段

方法论是用于指导研究过程的一种普遍策略，确保了研究工具、技术和基本哲学之间的一致性。Saunders 等学者提出的研究洋葱理论模型是构建研究方法论的一种方法。①该模型提供了对研究过程各个主要阶段详细和系统的描述，可作为一种整体性框架来构建研究的设计和实施（如图 2-1）。

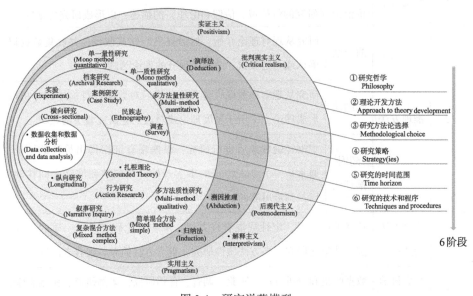

图 2-1 研究洋葱模型

本书将系统地开展对中国风格服装设计创新的理论研究。为了更好地理解

① Melnikovas A. Towards an Explicit Research Methodology: Adapting Research Onion Model for Futures Studies [J]. Journal of Futures Studies, 2018, 23 (2): 29-44.

研究问题并实现系统的理论模型开发，本书在研究阶段采用研究洋葱理论模型的方法。Saunders 等学者提出的研究洋葱模型将研究开发过程分为 6 个阶段，通过在每个阶段系统地构建研究，可以提高研究质量。① 研究洋葱模型是学术研究中需要考虑的阶段模型，它提供了对研究各个阶段的详细说明，有助于提高学术研究的系统性。因此，本书利用研究洋葱模型对研究进行了整体设计，每个阶段的具体说明见表2-3。

表2-3　　　　　　　　　　　研究洋葱模型各阶段说明

阶段	区分	内　　容
1	研究哲学	通过对本体论（现实的本质）、认识论（本质、知识或事实的来源）、价值论（研究的价值观、信仰和伦理）的描述，以形成研究的基础
2	推理方法	演绎法　研究从现有理论开始，然后提出问题或假设，并收集数据以确认或否定假设，适用于现有的理论测试
		归纳法　研究从观察和数据收集开始，然后对数据进行描述和分析以形成理论，常用于发展理论或对该主题研究较少的领域
		溯因推理法　观察经验现象后进行研究，根据现有证据得出最佳的结论，通常从一个令人惊讶的事实开始，在归纳和演绎之间移动，以找到最可能的解释
3	研究方法论选择	选择使用定量、定性或混合性方法。单一量化研究，单一质的研究，多方法量化研究，多方法质性研究，混合方法简单，混合方法复杂
4	社会科学研究方法	数据收集和分析方法。实验，调查，存档研究，案例研究，民族志学，行动研究，依据理论，故事研究
5	研究的时间范围	横向研究　在特定时间点收集数据
		纵向研究　在很长的一段时间内重复收集数据以比较数据

① Saunders M, Lewis P, Thornhill A. Research Methods for Business Students（7th ed.）[M]. England：Pearson Education Limited, 2016：124.

续表

阶段	区分	内　　容
6	研究技术和程序	数据收集和数据分析。使用主要或次要数据、选择样本、制订问卷内容、准备访谈等

基于以上研究洋葱模型的各个阶段的项目内容，选择了适合本书研究每个阶段应用的项目。

（1）研究哲学：解释主义

解释主义被认为是适用于本书研究的研究哲学。其本体论层面的重要意义在于，解释主义理论适用于具有主观性和易变性的多重解释的研究对象。解释主义通过深入理解个体经验和观点之间的差异，能够提供对研究对象多元解释的独特洞察。从认识论的角度来看，解释主义理论对社会世界和情境的研究提供了新的、更加丰富的理解和解释。通过关注背后的意义、价值和社会文化背景，解释主义能够拓展研究者对特定现象的认知范围，从而深化对所研究对象的理解。在价值论层面，解释主义承认在研究人员对研究资料和数据的解释过程中，个人的价值观和信念起着重要的作用。这意味着解释主义强调研究者角色的主观性，他们的背景、信念和价值观都会影响他们对研究对象的理解和解释。

（2）推理方法：归纳法 ↔ 演绎法 → 溯因推理法

开发理论的方法包括归纳法、演绎法和溯因推理法。Strauss 和 Corbin 的扎根理论是一种结合了归纳推理和演绎思维的理论，通过对重复出现的现象进行归纳推导和演绎推理的方式来发展理论。此外，该理论还利用了溯因推理法，在整合理论的过程中通过反复进行归纳和演绎来实施假设推理，从而选择能够最好解释现象的假设。因此，在开放式编码阶段，可以使用归纳法进行数据收集，在主轴式编码和选择性编码阶段，可以通过重复的归纳和演绎来开发理论，溯因推理法则用于对结论进行验证的过程。

（3）研究方法论选择：单一质的研究

本书所采用的研究理念和研究方法是单一质性研究。单一质性研究是指使用一种特定的数据收集技术来进行研究。本书所采用的数据收集技术是定性研究技术，其中包括半结构化访谈和相应的定性分析过程。在半结构化访谈中，研究者采用一套半结构化的问题指引，使被访谈者能够自由地表达其见解、经验和观点。在定性分析过程中，研究者会对所收集到的访谈数据进行深入的解读，以发现其中的模式、主题和关联性，从而获得关于研究对象的详细描述和深入理解。

（4）社会科学研究方法：扎根理论

本书使用 Strauss 和 Corbin 的扎根理论作为研究策略。Strauss 和 Corbin 认为，扎根理论是一种基于资料构建的方法，能够提供更好的观察和理解，并且为行动提供有意义的引导。[1]扎根理论的研究方法是通过连续的资料收集和检验过程，发现研究现象的特性。它提供了一套完整的系统性研究程序和技术，通过对资料进行分析，确认、发展和连接概念，最终生成理论。扎根理论可以运用于服装设计领域。已有学者们利用扎根理论，从不同的研究视角出发，在服装设计领域进行了探索，并开发了相关的理论模型。因此，本书将扎根理论作为研究方法，从中国风格服装设计的视角出发，来开发整体性的理论模型。

（5）研究的时间范围

在时间范围上，本书采用纵向研究方法，纵向研究具有能够系统了解变化和发展的优势。该方法可以在多个时间点进行调查，适合对状况、主题或特定趋势的变化进行调查。本书使用了与中国风格服装设计发展相关的二手材料，如文献和媒体资料。同时，将一手访谈材料与二手材料进行比较分析，以进行

---

[1] Service R W, Birmingham A L. Book Review：Basics of Qualitative Research：Techniques and Procedures for Developing Ground Theory（3rd ed）[J]. Organizational Research Methods，2009，12（3）：614-617.

纵向研究，对中国风格时尚的发展过程进行深入探究。

(6) 研究技术和程序：深入访谈，其他资料收集

本书以 Strauss 和 Corbin 的扎根理论为研究策略，将深度访谈和收集的二手资料作为扎根理论研究过程中的原始数据。扎根理论在本研究中扮演着核心理论的角色。通过扎根理论的研究过程，即数据的收集、编码和分析，提出数据的来源、数据的表达方式以及概念的整合方案。通过分析原始数据，构建一个理论框架，以理解和解释中国风格服装设计的发展过程，并提出相关的概念和理论观点（见表 2-4）。

表 2-4　　　　　　　　基于研究洋葱模型的各阶段设计

阶段	区　分	本研究应用内容		
1	研究哲学	解释主义		
2	推理方法	开放式编码	主轴式编码	选择性编码
		归纳法→	归纳法↔演绎法 → 溯因推理法	
3	研究方法论选择	单一质性研究		
4	社会科学研究方法	扎根理论		
5	研究的时间范围	纵向研究		
6	研究的技术和程序	一手资料（深入访谈）		
		二手资料（文献、影像等）		

二、研究执行程序

根据以上关于本书的框架结构，笔者制订了详细的研究程序，如图 2-2 所示。

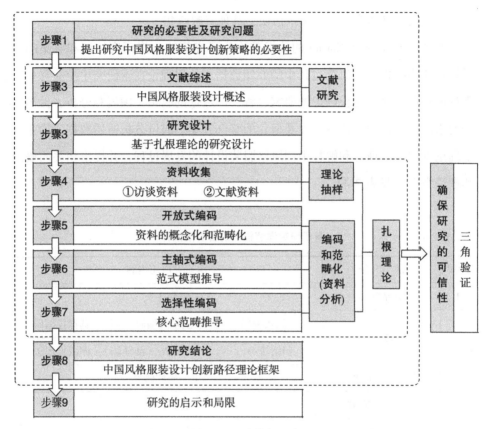

图 2-2 研究执行程序

第三节 扎根理论的研究方法

一、概述

扎根理论研究方法最初起源于社会学领域，由 Barney Glaser 和 Anselm Strauss 在他们的医务人员与绝症患者研究中提出。该方法强调理论是通过真实研究过程中的数据收集和分析而产生。①这种方法中，数据的收集、分析和最终的理论形成之间存在密切的关系。随着时间的推移，扎根理论在研究界变得越来越受欢迎。

1990 年，Strauss 与 Corbin 合著了《定性研究基础：扎根理论程序和技术》一书，被认为是关于斯特劳斯扎根理论方法的权威文本。此书概述了该理论与 Glaser 和 Strauss 提出的方法有一些差异，但这些差异需要进一步解释。② Kathy Charmaz 在《建构扎根理论》（2006 年）一书中对此进行了说明，该书现在被称为建构主义扎根理论方法。Kathy Charmaz 认为，扎根理论应该被视为一组具有弹性的原则和实际操作，而非一整套必须按特定操作规定的方法。③尽管在哲学观点、文献利用、数据收集和分析方法方面存在一些差异，但每种扎根理论方法的主要焦点都是生成基于数据的理论，并能更深入地了解我们所生活的世界。

经典扎根理论使用开放式编码和选择性编码。研究始于研究者对某种现象的普遍好奇心，提出问题并构建研究框架，最终目标是开发基于研究者发现的数据的理论，体现了软实证主义哲学。此外，在发现核心范畴和生成理论之前，不进行文献综述。④斯特劳斯扎根理论则强调描述的完整性，并侧重于验证标准和系统方法，它将开放式编码、主轴式编码和选择性编码作为数据收集和分析的步骤。斯特劳斯扎根理论体现了后实证主义哲学观点。研究者对研究内容有一定了解，在进行文献回顾之前并不会影响研究者的能力。为了培养对

---

① Glaser B G, Strauss A L. The Discovery of Grounded Theory: Strategies for Qualitative Research [M]. New York: Aldine Publishing Company, 1967: 5-12, 88-103.

② Anselm Strauss, Juliet Corbin, 质性研究概论 [M]. 徐国宗, 编译, 台北: 巨流图书公司, 1997: 25-26.

③ Kathy Charmaz. Constructing grounded theory: A practical guide through qualitative analysis, London: Sage, 2008: 9, 178.

④ Kenny M, Fourie R. Tracing the History of Grounded Theory Methodology: From Formation to Fragmentation [J]. The Qualitative Report, 2014, 19 (52): 1-9.

分析数据的理论敏感性，有必要在研究开始和过程中不断回顾文献。① Kathy Charmaz 在以上两种观点上持有不同意见，她主张分析数据的过程应该具有灵活性而非遵循一套规则。研究者是理论生成过程中的重要组成部分，受其个人时代环境的影响，在构建理论的同时也被影响。这与建构主义哲学观点一致。此外，在对数据进行分析和理论定位后，研究者可以在整个研究过程中使用适当的文献，并进行全面的文献回顾。② Kenny 和 Fourie 对以上三种扎根理论的观点进行了说明，并指出这三种方法在哲学观点、现有文献、编码程序等方面存在差异，具体信息如图 2-3 所示。③

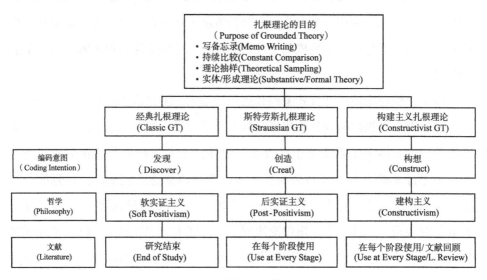

图 2-3　扎根理论的差异

① Strauss A L, Corbin J. Basics of Qualitative Research: Grounded Theory Procedures and Techniques [M]. Newbury Park, CA: Sage. 1998: 48-49.

② Babchuk W A. Grounded Theory as a "Family of Methods": A Genealogical Analysis to Guide Research [J]. US-China Education Review, 2011 (3): 383-388.

③ Kenny M, Fourie R. The Qualitative Report Contrasting Classic, Straussian, and Constructivist Grounded Theory: Methodological and Philosophical Conflicts [J]. The Qualitative Report, 2015, 20 (8): 1270-1289.

通过对上述三种扎根理论观点的差异性进行深入分析，发现斯特劳斯扎根理论方法在设计过程的开发中可以提供关于特定研究技术和程序的复杂细节，适用于本书。因此，本书将采用斯特劳斯扎根理论的研究方法，它可以在整个研究过程中提供详细的指导（见表2-5）。

表2-5　　　　　　　　　　　　扎根理论的程序

区分	经典 扎根理论 （Classic Grounded Theory）	斯特劳斯扎根理论 （Straussian Grounded Theory）	建构主义扎根理论 （Constructivist Grounded Theory）
编码程序	1. 实质性编码 （开放式编码，选择性编码） ↓ 2. 理论性编码 ↓ 3. 扎根理论的构成	1. 开放式编码 （属性，范畴） ↓ 2. 主轴式编码 （范式模型-6 阶段） ↓ 3. 选择性编码 （5 阶段） ↓ 4. 条件矩阵 （1，2，3 阶段的综合） ↓ 5. 扎根理论的构成	1. 开放式编码 ↓ 2. 再聚焦编码 ↓ 3. 扎根理论的构成

二、资料分析过程

在本书中，我们采用斯特劳斯扎根理论作为研究方法，通过开放式编码、主轴式编码和选择性编码的过程，对收集到的数据进行系统的迭代比较和深入分析。

(一) 编码

扎根理论的分析过程被称为编码,是指将研究资料拆解并进行概念化的操作,以一种新的方式重新组合这些概念。编码的基本目的是对研究资料进行持续的比较,以从中提取主题和建立范畴。编码的过程分为三个阶段:开放式编码、主轴式编码和选择性编码,具体分析如图2-4所示。

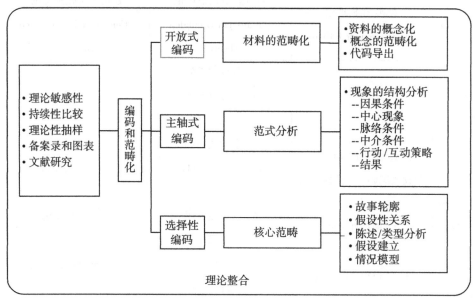

图 2-4 Strauss & Corbin (1990) 扎根理论研究模型

1. 开放式编码:资料的范畴化

开放式编码是将研究资料进行拆解、检查、比较、概念化和范畴化的过程。这个过程始于将数据分解为独立的现象、行动、事件、过程等,并对它们进行详细分析,赋予其一个概念性的名称以代表其所指。每一个概念都代表着一个特定的现象。然后,将概念群进行范畴化。在将研究资料进行概念化后,可以对所有的概念进行分类比较,将具有显著性且彼此相关的概念归类,这个归类的过程被称为范畴化。随后，已经归纳到同一类的概念群被赋予更抽象的名词。在开放式编码的过程中，需要撰写备忘录，对研究事物进行记录和整理，以增加编码的条理性，并构建一个全面的概念故事。备忘录的编写可以使整个编码过程更加有条不紊，并帮助研究人员全面地理解和把握研究内容。开放式编码的过程如图2-5所示。

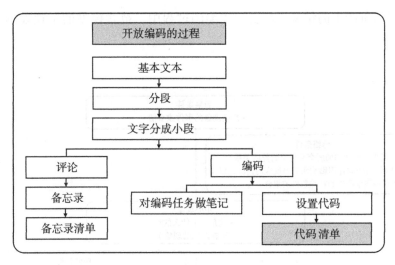

图 2-5 开放式编码过程

2. 主轴式编码：基于模型的类别分析

开放式编码完成后，接下来需要进行主轴式编码，以便将主范畴和副范畴相连接，从而重新组合研究资料。主轴式编码的目的在于发展主范畴，并获取更多、更精确的知识。在主轴式编码中，可以利用范式模型来分析范畴之间的关系。通过建立范式模型，可以得出关于假设或理论关系的陈述。范式模型由六个概念构成，这些概念代表了与现象相关的各种属性所在的特定维度和位置。①

① Anselm Strauss，Juliet Corbin. 质性研究概论［M］. 徐国宗，编译. 台北：巨流图书公司，1997：109-110.

范式模型包含六个概念。第一个是因果条件,它指导致一个现象产生或发展的条件和事件。第二个是脉络条件,它表示造成特定行动或互动策略的一组条件。第三个是中心现象,它指导致行动和相互作用的主要现象。第四个是仲裁条件,它指在某一特定脉络中促进或抑制行动的条件。第五个是行动/互动策略,它指在特定环境或条件下针对某一现象采用的管理、处理和执行策略,该策略具有程序性、发展性和目的性。第六个是结果,它表明行动和互动所产生的结果。在主轴式编码过程中,范式模型的呈现如图2-6所示。

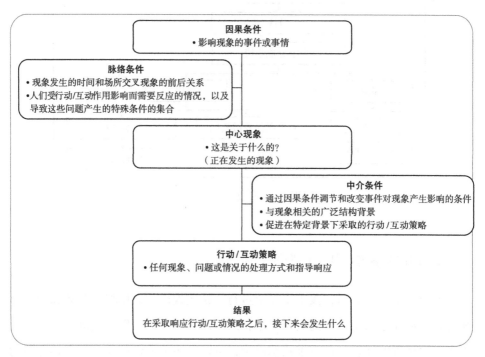

图 2-6　主轴式编码:范式模型

3. 选择性编码:核心范畴导出

选择性编码是选择核心范畴的过程。核心范畴是将数据中发现的多个范畴统一起来并且能够解释大部分行为和交互模式的多样性的范畴。①在选择性编码的过程中，通过系统地将核心范畴与其他范畴相连，可以发现和验证它们之间的关系，并完善已经概念化但尚未充分发展的范畴。对数据进行持续、严谨的分析和思考最终会导出核心范畴。导出核心范畴的方法包括编写故事情节、绘制图表、做笔记和思考等。

选择性编码的过程包括五个步骤。第一步是寻找核心范畴，即在数据中确定能够统一解释多个范畴的关键概念。第二步是对核心范畴进行分类。通过收集与因果条件、脉络、策略和结果等相关的编码概念，根据核心范畴的性质和面向的层次进行分类。第三步是将各个范畴按照其面向的层次进行联结。第四步是使用所有的资料来验证上述范畴之间的关系。第五步是继续开发范畴，使其具有精细和完善的特征。② 在这个过程中，研究人员通过将数据中的多个范畴归类为核心范畴，并通过联结、验证和完善这些范畴之间的关系，不断深入思考和分析，从而能够更好地理解和解释数据中的行为和交互模式。这个过程通过系统性和有条理地分析，可以帮助研究者进一步探索研究领域，并提供更全面和准确的数据分析结果。选择性编码的完整过程如图 2-7 所示。

（二）理论饱和

理论饱和是一种对结论进行检验的数据分析过程。Low 将饱和状态描述为"没有发现新的信息"。③ 在数据分析中，理论饱和度的检验是为了确定何时停止采样，从而采用扎根理论研究方法。研究者可以通过获取新的数据来检验是否能够产生新的范畴。如果在新的数据中没有推导出新的概念，并且无法提炼

---

① Mullen P, Reynolds R. The potential of grounded theory for health educationresearch: linking theory and practice [J]. Health Education Monographs, 1978, 6 (3): 280-294.

② Anselm Strauss, Juliet Corbin. 质性研究概论 [M]. 徐国宗，编译，台北：巨流图书公司，1997：135.

③ Low J. A Pragmatic Definition of the Concept of Theoretical Saturation [J]. Sociological Focus, 2019, 52 (2): 131-139.

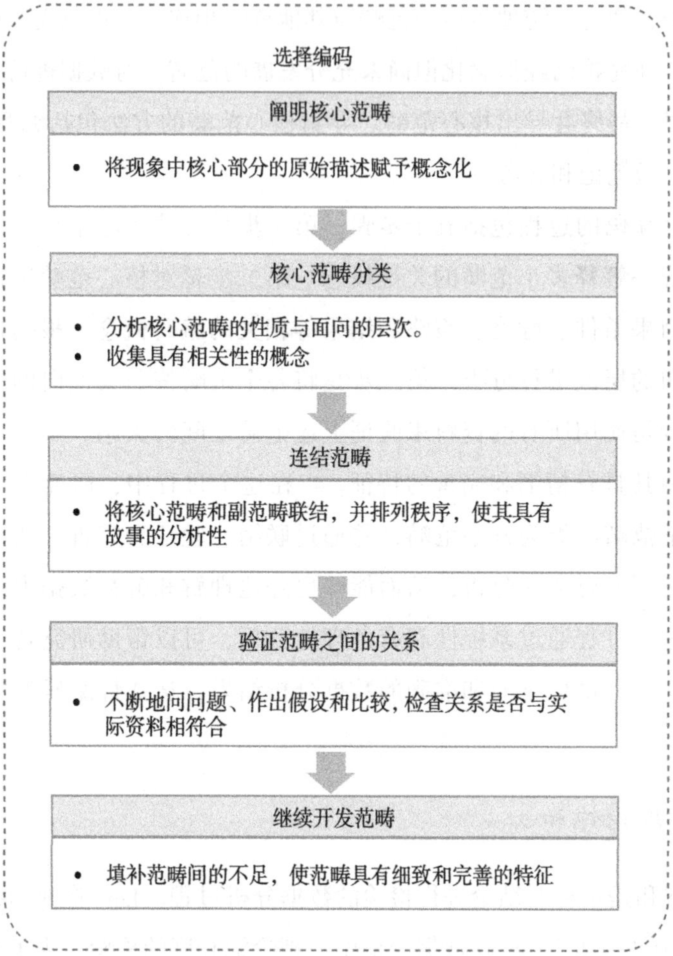

图 2-7　选择性编码的资料分析方法

出新的范畴，那么理论就达到了饱和状态。这表示研究者已经尽可能地将数据进行深入分析和理解，无法再从新的数据中获得新的见解。理论饱和的检验过程是为了保证研究的可靠性和准确性，同时也是为了确定研究范围的界限，从而达到科学研究的目的。

第四节 研究对象与资料收集

一、概述

在设计定性研究时，选择研究对象和数据很重要。扎根理论是通过参与者对事件的看法来建立的，而不是研究者自身的认知或观点。因此，选定能够充分体现研究目的的对象至关重要。本书采取收集一手和二手资料的方式进行分析，具体资料收集概述见表2-6。

表2-6 　　　　　　　　　　　　资料收集概述

资料的种类	内　　容
一手资料	①服装企业；②供应商；③分销渠道伙伴；④社会公众和社会组织；⑤政府和监管机构；⑥顾客
二手资料	①报告书，期刊、书籍等文献；②媒体资料（文章、视频等）

在扎根理论的数据分析过程中，研究对象的数量可能会发生变化，因为随着范畴的发展和理论的出现，可能需要添加更多的研究对象。因此，在初期阶段，无法精确确定抽样数量，需要采用理论性抽样方法。理论性抽样是一种通过比较数据收集过程中的概念差异来进行分析的方法，研究者可以根据研究对象的回答、个性和语言表达能力来决定是否添加其他研究对象。此外，根据不同属性和维度，也可以增加那些能够增强范畴密度的对象来提取样本。

本书研究过程中经历了选择额外研究对象的过程。研究对象是根据其在研究领域的相关性、代表性和适当性来进行选择的。这些额外的研究对象可能具有不同的背景、经验和观点，以便更全面地了解相关概念的多样性。本书的抽样及数据收集方法如图2-8所示。

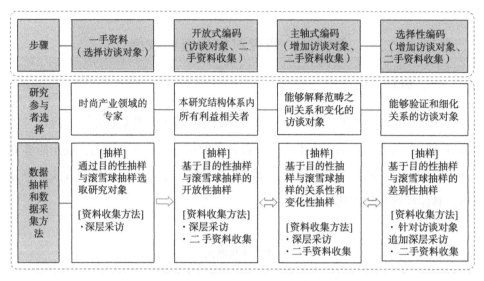

图 2-8　根据理论饱和研究过程的抽样和资料收集方法

1. 开放性抽样（开放式编码）

本书在编码过程中根据每个阶段的特点，进行了三次开放抽样。第一次选择服装企业作为研究对象，以探究其在服装设计中的角色和影响。第二次选取供应商、分销渠道伙伴，以深入了解他们在服装设计过程中的协作关系与互动。第三次从政府和监管机构、社会公众和社会组织中进行选择，以获得更广泛的参与视角，从而全面理解服装设计的各个方面。在这个阶段，数据的收集是偶然的、有意义的发现过程。研究者在进行数据采集时，针对中国风格服装设计的各个方面，不遗漏任何相关信息，以确保研究结果的全面性和深度。通过开放抽样和数据收集的过程，研究者能够收集对中国风格服装设计做出反应的数据，这些数据能够提供更多的洞察和理解，并为对中国风格服装设计的分析发现提供有力的支持。

2. 关系性、变化性抽样（主轴式编码）

在主轴式编码阶段，可以采用关系性和变化性抽样方法。在这个过程中，研究者通过找到一个维度，来解释概念的变化及其之间的关系。这种抽样方法是有意识的，基于研究问题的解决以及实现研究目的的潜力进行推理的过程。关系性抽样是指根据研究问题和目的，有意识地选择与概念之间关系密切的样本。研究者通过识别和选取具有亲密联系的样本，以深入理解概念之间的相互作用和关联。通过这种抽样方法，研究者能够揭示概念之间的联系模式、影响关系和相互作用方式，从而丰富我们对研究对象的认识。变化性抽样是指根据概念的变化情况，有意识地选择具有代表性的样本。研究者通过选择在某一指定维度上呈现明显变化的样本，来研究概念随着变量的变化而发生的变动。通过这种方式，研究者能够观察和分析概念在不同情境下的表现和演变，为研究结果提供更加准确和全面的描述和解释。

3. 差别性抽样（选择性编码）

在选择性编码阶段，可以采用差别性抽样方法来验证概念之间的关系陈述，并进一步细化范畴。选择性编码阶段是理论形成的层次化过程，为明确相关陈述的依据并进一步完善范畴提供了机会。因此，为了达到这个目的，研究人员需要进行深入思考，有意识地选择所需的数据。差别抽样是一种用于确认或验证概念之间关系陈述的方法。通过这种抽样方法，研究人员可以有意识地选择具有差异或变化的样本，以确认概念之间的关系是否存在，并将研究范畴进一步具体化。通过差别抽样，研究人员能够观察和分析不同样本之间的差异和相似之处，以进一步验证和支持概念之间的关系陈述。这种方法有助于提供更精确和详细的数据，提高研究结果的可靠性和有效性。

4. 理论饱和

根据 Fusch 和 Ness 的观点，"理论饱和"被认为是应用扎根理论进行研究的关键过程。未能达到数据饱和的情况会影响研究的质量，并妨碍所研究内容的有效性。饱和指的是在数据收集和分析过程中，没有发现可以进一步推导出的新概念，以及可以用于拓展范畴相关属性的新数据的状态。理论饱和的实现需要遵循收集数据和采样的原则，并且充分利用已收集到的数据来验证和支持已有的概念。这需要研究人员进行深入的数据分析，寻找数据之间的联系和关系模式，并从中得出结论。通过不断挖掘数据中的新概念和相关属性，研究人员可以确保理论饱和地实现，并推动研究的深入发展。

二、一手资料收集方法

一手资料收集是指在进行调查研究时，对调查范围和研究参与者进行选择和明确的过程。这一步骤的目的是确保研究具有系统性。一手资料收集包括四个阶段。首先，确定调查对象，即确定需要进行调查和研究的主体。其次，明确访谈的范围和方向，了解研究需要探讨的内容和目的。再次，对调查对象进行深度访谈，通过与参与者的交流，对其观点、经验等进行详细的了解来获取丰富的数据。最后，将访谈录音转为文本形式，作为分析的原始数据进行后续研究分析和解读（见表 2-7）。

表 2-7　　　　　　　　　　一手资料收集过程

阶段	1 阶段	→	2 阶段	→	3 阶段	→	4 阶段
内容	调查范围和对象选定		设置采访方向		进行深入访谈		转述（文字化）
细节	根据调查范围的划分选定研究对象		螺旋式研究、方向性构想		研究伦理、记录（录音/笔记）		将原始资料转化为文字

本书采用目的抽样法（具体为雪球抽样法），招募了 30 个样本，其中包括顾客、服装企业员工、供应商、分销渠道伙伴、社会公众和社会组织、政府和监管机构。所有接受采访的对象均同意参与，并且他们对服装领域非常熟悉，了解中国风格时尚现象，能够为中国风格时尚的设计提供专业的见解，访谈对象信息见表 2-8。

表 2-8 访谈对象信息

	基本情况	人数	百分比%
性别	男	12	56. 66
	女	18	43. 33
职业	品牌经理（R01-R03）	3	10
	设计总监（R04-R07）	4	13. 33
	设计师（R08-R10）	3	10
	面料供应商（R11-R13）	3	10
	服装经销商（R14-R16）	3	10
职业	媒体（R17-R19）	3	10
	学术界（R20-R22）	3	10
	政府部门（R23-R24）	2	6. 67
其他	顾客（R25-R30）	6	20

1. 顾客

顾客是服装品牌企业最重要的利益相关者之一。他们购买产品并支持品牌，直接决定了企业的销售和盈利能力。

2. 服装企业员工

员工是企业运营的核心力量，他们致力于企业生产、设计、销售和提供服务。员工的辛勤工作直接影响企业的发展和绩效。

3. 供应商

供应商为企业提供原材料和生产设备，他们的质量和交货能力对企业的生产流程和产品质量至关重要。

4. 分销渠道伙伴

分销渠道伙伴包括批发商、零售商和在线平台等，他们与品牌企业合作销售产品，并为产品赋予市场渠道。

5. 社会公众和社会组织

社会公众和社会组织关注企业在环境、社会责任和可持续发展等方面的表现，他们对于公众舆论和企业形象塑造具有一定影响力。其包括媒体、学术界等，通过舆论监督和倡导，可以提高公众对时尚产业发展的认识和需求。

6. 政府和监管机构

政府和监管机构在企业经营中扮演着监督和规范的角色，他们制定政策、法规和标准来保障市场秩序和企业的合规性。

三、访谈方式

研究过程应尽量避免对研究参与者造成不良影响，因此，主要的伦理考虑涵盖知情同意、自愿参与、参与者匿名和免受伤害的保护。①知情同意与自愿参与密切相关，通过详尽介绍研究的目的和过程，以及向参与者阐明参与研究的利益和成本，帮助他们作出是否参与研究的选择。因此，基于伦理的考量，研究者在进行深入访谈之前需向所有参与者详细解释研究的目的，并确保他们是自愿参与。

此外，在访谈过程中使用的数据记录（如备忘录、录音等）仅用于本书，不会外泄，并且以化名的形式保护每一个研究对象的身份。每次访谈都以非面

---

① Natascha Radclyffe-Thomas. Concepts of Creativity Operating within a UK Art and Design College（FE／HE）with Reference to Confucian Heritage Cultures：Perceptions of Key Stakeholders [D]. Durham University，2011.

对面（语音/视频）的形式进行，所有非面对面采访的受访者均允许视频屏幕共享和录制，并且沟通顺畅。每次访谈时间为40~60分钟。

整个一手资料的收集经历了循环的反复考察、逐步深化和查补的过程。具体而言，深度访谈可分为三个阶段进行。此外，在一手资料收集期间，还进行了一手资料与二手资料的比较和分析。

1. 第1阶段访谈

研究者进入调研阶段，对品牌经理、设计总监与设计师进行访谈。品牌经理对品牌的理念、目标和发展战略有深入的了解。通过访谈品牌经理，可以了解他们在中国风格服装设计方面的理念和目标，以及他们对市场趋势和消费者需求的认识，从而指导研究的方向和目标。通过访谈设计师，可以了解他们的设计理念、创作过程和对新中国元素的诠释，从而为研究和设计提供灵感和指导。

2. 第2阶段访谈

在中国风格服装设计研究中，对供应商和经销商进行访谈的目的是多方面的。首先，通过与供应商的访谈，可以了解供应链中的原材料来源、生产工艺以及环境和社会责任的实践情况。其次，与经销商的访谈可以帮助了解市场需求和消费者态度，了解他们对中国风格服装设计的接受程度以及需求特点，从而制订符合市场需求的设计方案。此外，与供应商和经销商的访谈还有助于建立合作伙伴关系，共同推动服装设计的实施，促进产业链各环节的共同发展。

3. 第3阶段访谈

对媒体、学术界、政府部门和顾客进行访谈，将调查具体化。媒体的见解能够指导研究者提高服装设计的曝光度和传播效果。学术界的专家观点和研究成果对于指导研究具有重要意义。政府部门的政策倾向和法规要求能够促进企业和消费者对服装设计创新的重视和支持。顾客的需求和意见能够促使设计师更好地满足市场需求，推动时尚产业的发展。此外，对概念之间的关系陈述加以验证，同时补充需要进一步细化的范畴的相关数据。在这个阶段，可以通过对图像的隐喻，引发访谈对象对现象更加深入的看法。

　　通过上述三个阶段的深度访谈，可以实现扎根理论的螺旋式研究。本书的研究目的包括发现现象、剖析设计动机、探究设计方法以及展望未来发展。在访谈过程中，研究者将对采集的数据进行深入分析，以构建中国风格服装设计策略。研究者在开始每次访谈之前向被访谈对象明确解释本次访谈的目的和意义，确保参与者对研究目标有明确的了解，访谈提纲见表2-9。

表2-9　　　　　　　　　　　　　　　访　谈　提　纲

深入探究	提　　问
主题1： 现象发现	您如何看待当下中国风格时尚现象？ 您如何看待当下中国风格服装设计的连锁反应？（时尚产业经济、社会生活方式、科学技术发展等）
主题2： 设计动机	您认为中国风格服装设计的动机是什么？ 您认为中国风格服装设计的主要受众群体有哪些？他们的购买动机是什么？
主题3： 设计方法	您是如何产生出中国风格服装设计的创意？ 您是如何选择文化元素，对其进行再创造，并将其应用到服装设计中？ 您是如何宣传所设计的服装？ 您的服装设计的流程是什么？
主题4： 未来发展	为了促进文化、社会、经济、环境的可持续发展，您认为，中国风格服装设计还需要在哪些方面进行创新？

四、二手资料收集方法

　　本书采用了纵向研究方法，以调查多种受中国风格影响的服装，并通过对一手和二手资料的比较和分析来达到理论饱和。研究者检索了 84 份来自政府、事业单位和媒体发布的资料，其中包括报告、视频、新闻等，并对其进行了系统的整理与梳理。二手资料并未直接引用于文章的开放式编码文本中，但在比较与分析的过程中，研究者通过数据审查的方式将其呈现于脚注中。在参考文献列表中，仅列举了该论文所指定的文献来源。具体资料收集内容见表 2-10。

表 2-10　　　　　　　　　　　　二手资料收集内容

资料形式	内　　容	数量	发 行 机 构	内容范围
报告书/网页	中国文化发展报告	5 篇	湖北大学高等人文研究院	文化产业
	中国服装行业发展报告	5 篇	中国服装协会	时尚行业
	中国文化产业发展报告	5 篇	北京大学文化产业研究院	文化产业
	国潮研究报告（2019）	1 篇	清华大学文化创意发展研究院	文化产业
	"十三五"时期文化产业发展规划（2017）	1 篇	中国文化部	文化产业
	关于实施中华优秀传统文化传承发展工程的意见（2018）	1 篇	中央办公厅	文化产业
	2020—2021 年中国国潮经济发展专题研究报告	1 篇	艾媒咨询	服装行业
	中国服装行业"十四五"发展指导意见和 2035 年远景目标（2021）	1 篇	中国服装协会	服装行业
	纺织行业"十四五"时尚发展指导意见（2021）	1 篇	中国纺织工业联合会	服装行业

续表

资料形式	内　容	数量	发 行 机 构	内容范围
视频/图像	时尚发布会	10 场	中国国际时装周	服装行业
	时尚发布会	10 场	上海时装周	服装行业
	传承中国文化，领略国潮设计（网课）	10 课时	翼狐设计学习库	视觉设计
	中国历代服饰赏析（网课）	10 课时	大学生 MOOC	服装
报道	时尚产业/人物动态/时尚传媒/分析评论	10 篇	时尚头条网	服装行业
	潮流/时装	10 篇	VOGUE 时尚网	服装行业
著作	当代汉服-文化活动历程与实践（2016）	1 本	刘筱燕	服装
	西方时尚里的中国风（2017）	1 本	Andrew Bolton，胡杨译	美术
	中国元素设计（2010）	1 本	陈原川	美术
	中国各朝代婚礼文化（2017）	1 本	易叡	风俗
	中西合璧　城市婚礼（2016）	1 本	刘永青，史艳兰	风俗
	国潮纹样（2019）	1 本	栾威，张岩	美术

第五节　应用扎根理论分析中国风格
服装设计创新的步骤

一、扎根理论的应用

本书选择了扎根理论作为研究策略。扎根理论是一种解释性的研究方法，其关注点在于揭示事物之间的特殊意义，并且在服装设计领域具有应用潜力。[①] 本节旨在探讨将扎根理论运用于中国风格服装设计策略研究的基本原理。

---

① Rech S R, Maciel D. A Proposal for a Prospective Method Based on Grounded Theory, The Value of Design Research [C]. 11th European Academy of Design Conference, 2015.

（一）应用适合研究目的的方法

服装设计被视为设计领域的子领域，其在设计过程、设计师和人工制品上产生了独特的影响。设计的各个子领域根据其特定情境、设计师的角色以及所涉及的人工制品的差异而呈现出相似性和差异性。①如果没有意识到每个设计子领域所具有的语境差异，直接将设计研究方法运用到服装设计研究中，其研究结果会有局限性。

本书将中国风格作为一种文化现象，通过考察其持续发展的趋势，旨在开发一种具备艺术性和实用性的中国风格服装设计方法。尤其是在新时代背景下，随着人们生活水平的提高，基于人们生活方式和情感需求的设计成为设计发展的重要方向。本研究的目的并非仅仅肯定或否定现有理论，而是基于收集的数据提供创造性的解释。因此，研究者将根据研究目的应用适合本研究的方法论。

（二）定性研究方法的应用

定性研究以其能够从研究对象的视角发现问题，并了解研究对象对于事物和行为赋予的意义和解释而独具特色。②定性研究适用于采用解释主义而非客观主义的观点来研究社会科学现象，并对某一事物或现象进行深入而全面的描述，揭示其本质。目前，与文化相关的服装设计的主题涵盖了对文化元素美学表现的探讨，例如，对时装图案、色彩和造型特征的分析研究。然而，这些设计表达方式往往呈现出同质化的特点，相关研究在设计方法方面仍存在巨大的拓展空间。③因此，本书将采用质性研究方法，将中国风格视为一种文化现象，并对其在服装设计领域中的表现进行深入研究。在中国风格服装设计中，服装

---

① Visser W. Design: One, But in Different Forms [J]. Design Studies, 2009, 30 (3): 187-223.

② Monique Hennink, Inge Hutter, Ajay Bailey. 质性研究方法（引进版）[M]. 王丽娟，徐梦洁，胡豹，译. 杭州：浙江大学出版社，2015：5.

③ 王巧，宋柳叶，王伊千，李正. 新中式针织服装设计特征及其路径 [J]. 毛纺科技，2019，47 (11)：45-50.

被视为传播中国文化的视觉载体。研究者希望通过本书能够推动中华优秀传统文化的可持续发展。

（三）斯特劳斯扎根理论的应用

扎根理论是一种定性研究方法，通过收集和验证资料来揭示研究现象的特性，是一个连续性的研究过程。在这一研究方法中，相同点可被归纳为抽象层面的概念，而不同点可用于研究造成这种差异的因素。这种方法不是线性的研究过程，而是一个反复比较的螺旋式研究过程。通过对资料的分析，扎根理论提供了一套系统的程序和技术，用于确认、发展和连接概念，并最终产生理论。① 扎根理论是一种通过重构现象推导过程机制的螺旋式研究方法，已广泛应用于解释现代社会发生的各种变化。因此，本书将采用扎根理论的程序和技术作为研究策略和分析过程，通过资料的收集、编码和分析，提出资料的来源、表达方式和概念整合方案，以得出与研究问题相关的结果。斯特劳斯扎根理论研究方法适用于解释人类行为的交互过程和探索社会认知过程中发生的各种现象。这一方法能够使研究者更系统、更轻松地应用扎根理论。

二、中国风格服装设计创新的分析步骤

编码是进行质性资料分析的基本步骤。在资料收集完成后，通过开放式编码、主轴式编码和选择性编码等方法对数据进行比较性分析，以达到理论饱和的目标。通过对数据进行编码分析，可以推导出现象的概念、分类、结构和形成过程，以实现理论整合。Strauss 和 Corbin 在《定性研究基础》（第三版）中使用 MAXQDA 作为资料分析软件，并展示了该软件的应用示例。②新版 MAXQDA 软件具有界面清晰、易于掌握以及读取资料等优点。因此，本书将

---

① Strauss A L, Corbin J. Basics of Qualitative Research：Techniques and Procedures for Developing Grounded Theory［M］. Sage Publications, Inc, 1998：9-13.

② Strauss A L, Corbin J. Basics of Qualitative Research：Techniques and Procedures for Developing Grounded theory（3rd ed.）［M］. Sage Publications, Inc, 2007：26-29, 438-440.

采用 MAXQDA 软件作为资料分析的程序，以提高分析效率。具体地，该软件将用于开放式编码阶段的备忘录编写和分类、数据编码和概念化。借助 MAXMap 功能，在主轴式编码阶段，通过分析数据与范式结构之间的匹配关系，进而构建出范式模型。在选择性编码阶段检查数据中强调的内容，以导出核心范畴。通过这种资料分析方法，本书对中国风格服装创新设计理念模型构建的步骤进行了梳理，如图 2-9 所示。

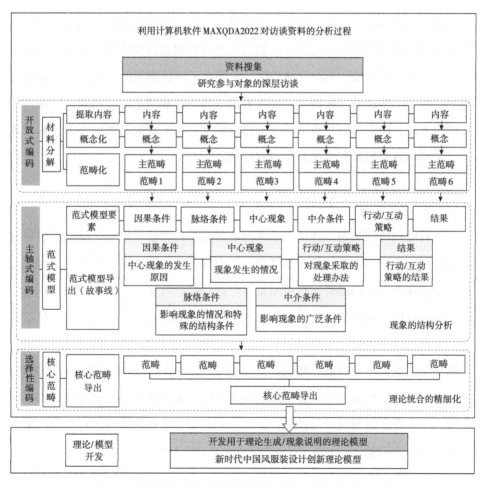

图 2-9 运用扎根理论分析新时代中国风格服装设计的步骤

第六节 确保研究质量

本书采用 Norman K. Denzin 的三角验证方法，以确保研究的可信性、转移性、依存性和确证性，从而提高研究质量。

一、研究的可行性

Guba 和 Lincoln 建议采用三角测量作为一种确保研究可信度的技术。① 三角测量是一种通过收集不同来源的信息来验证和提高研究主题的有效性，并形成更全面理解的方法。Norman K. Denzin 提出了四种类型的三角测量，包括资料三角测量、方法的三角测量、调查者的三角测量和理论的三角测量。通过应用这些方法，研究可以在多个层面上进行验证，提高研究结果的可靠性和有效性，从而增强对所研究主题的认识和理解。

（一）资料的三角测量

资料的三角测量是一种从多个来源收集数据的方法，以更全面地反映研究对象的不同方面。资料三角测量可以分为时间、空间和人员三种形式。时间三角测量意味着在不同的时间点对测量对象进行数据收集；空间三角测量是指在不同地点对同一对象进行数据收集；人员三角测量是指对不同规模的人员组成进行数据采集。资料三角测量的优势在于能够获取大量关于测量对象的数据，从而更全面地揭示其本质。然而，过多的资料可能导致对目标解释产生偏差。本书采用时间三角测量和人员三角测量的方法。通过在不同时期选择具有不同专业和工作背景的研究参与者进行访谈，并使用二手资料进行比较和分析来进行资料的三角测量。

---

① Guba E G, Lincoln Y S. Competing Paradigms in Qualitative Research [J]. Handbook of Qualitative Research, 1994: 105-117.

（二）调查者的三角测量

调查者三角测量是指使多名调查者参与研究，而不仅限于单一调查者。此方法旨在消除单个调查者可能带来的个人偏见，确保观察的可靠性。通过引入其他调查者或采访者参与研究，调查者三角测量能最大限度地减少因研究人员的个人特质而可能导致的失真。本书通过与在相关领域具有丰富专业知识的业内人士和学术专家进行沟通与验证，以实现调查者的三角测量。此外，通过让一部分受访者参与验证过程并进行比较和分析，也可以减少研究人员可能引起的偏差。

（三）理论的三角测量

理论三角测量是一种在研究中使用多个专业视角来解释一组数据或信息的方法。该方法包括运用多种理论或假设来解释研究框架中的特定现象。理论三角测量可对研究结果进行全面检查和解释，从而消除偏见和弱点。通过运用多种理论，研究者可以更深入地研究和解释问题的研究结果。本书通过对与设计相关的各种理论进行多轮分析来实现理论三角验证。

（四）方法的三角测量

方法的三角测量是指在单个研究的数据收集过程中，结合使用多种方法的一种测量方法。它可以分为两种类型：一种是方法内的三角测量，即结合使用两种以上的相同类型的方法来测量同一变量，例如，定性的参与观察法和定性的访谈法；另一种是不同方法之间的三角测量，即将一种研究方法与其他研究方法结合使用来测量同一变量，例如，将定性的访谈法与定量的测度表方法结合使用。本书会对每个研究主题提出一系列问题，并选择合适的方法来对主题进行调查验证，以分析中国风格时尚流行的现象和设计过程。为了准确理解受访者的观点，研究者将通过提出与重点主题相关的问题来阐明概念。

二、理论敏感性

理论敏感性是指研究人员对数据意义和价值的感知能力或洞察力。在研究中，研究人员需从整体上看待现象并进行比较分析，理论敏感性在指导其他数据收集的领域和方法中发挥着重要作用。在定性研究中，研究人员本身成为重要的研究工具，因此需要准确地了解自身的个人偏见、价值观和信念。这个意识在数据收集之前和整个研究过程中都非常重要，尤其是考虑到研究人员的背景或职业可能会影响与研究参与者的互动。研究人员的访谈技巧对数据收集有着决定性的影响。本书的研究者具备服装设计专业的扎实知识，努力从多个角度审视中国风格服装设计现象。除了阅读与定性研究相关的文献资料，研究者还进行了访谈和记录以充实研究主题。此外，为了提高理论敏感性，本书对研究结果进行了三角验证。

三、研究的可信度

使用三角测量可以建立可靠性。[1] Lincoln 和 Guba 提出了四个标准来评估研究的可靠性，分别是可信性、转移性、依存性和确证性。[2]

（一）可信性

可信性是指研究所呈现的内容是否能够准确反映参与者的经验，并与客观事实保持一致。为了确保研究的可信性，研究者可以使用三角测量的方法，这种方法可以从多个角度收集不同事件和关系的信息。研究者可以通过提出不同的问题、与不同类型的人进行访谈或者参考多种不同的资料来关注同一案例。在本书中，我们使用资料三角测量方法，选择了不同岗位的访谈对象，并且利用了多种二手资料，以提高研究的可信性。

---

① John W. Creswell, Cheryl N. Poth. Qualitative Inquiry & Research Design (4th ed.) [M]. Sage Publications, Inc, 2018: 335-336.

② Lincoln Y S, Guba E G. Naturalistic Inquiry [M]. Sage Publications, Inc, 1985: 300.

（二）转移性

转移性是指研究结果在其他文脉或群体中得以有效应用的程度或潜力。为了推动转移性，研究者需要采取两种策略。首先，研究者需要对视觉、声音和关系等方面进行详细描述，以便他人能够准确理解和应用研究结果。其次，研究者需要具备立意抽样的能力，即对研究领域有深入的了解，这样才能判断哪些信息与研究相关。因此，为了确保研究的可靠性，研究者需要慎重考量不同文脉之间的相似性，确定研究结果是否适用于其他群体或背景，而不仅仅限于特定群体或背景。可以通过检验样本的特性来确认转移性。在本书中，我们将通过对与中国风格服装设计相关的个体进行抽样，以确保研究结果的转移性。

（三）依存性

依存性是指研究的可信程度需要满足融贯性标准。换言之，如果在相同或相似的研究对象和文脉中重复进行该项研究，其结果应该一致。为了检验依存性，研究者的整个研究过程必须是可审计的，其中包括详细记录的文献、访谈记录和备忘录等。因此，结果的可靠性涉及在相同的数据或情境以及参与者的条件下达到一致的结论。在本书中，我们将采用三角测量技术，针对一个特定主题提出多个问题，以检验研究内容的准确性，保证研究结果的依存性。

（四）确证性

确证性是指研究者应该相信数据本身的可信性，而不是受到自身思维的影响。为了确保研究的可靠性，可以建立审计跟踪。①这意味着数据（包括事实、数据和结构）能够追溯它们的来源，强调数据解释的逻辑性和连贯性，既明确又隐含。通过审计跟踪，研究者能够审查用于得出最终研究结论的逻辑过程。

---

① 大卫·A·欧兰德森，等. 做自然主义研究——方法指南 [M]. 李涤非，译. 重庆：重庆大学出版社，2007：25.

其他研究者也可以通过检查备忘录、手稿或观察反应记录等来证明所得结论的可信性。本书记录了研究过程中制作备忘录和转录的过程，以展示研究的逻辑流程，以便其他研究者可以对其进行审查。

第三章 应用扎根理论方法
分析资料

在本章研究中，采用扎根理论作为研究策略，并经历了一系列严谨的编码阶段，包括开放式编码、主轴式编码以及选择性编码。通过这一系列的编码工作，提炼出一个包含六大要素的范式模型，即"中国风格服装设计的认知转变""中国风格服装设计的驱动力""中国风格服装设计的文化认同""中国风格服装设计的影响因素""中国风格服装设计方法"以及"中国风格服装设计创新"。在此基础上，进一步提炼出核心范畴——"中国风格服装设计的创作过程"，其表明了创作实践的中心地位，揭示了中国风格服装设计从灵感萌发到作品呈现的丰富内涵与复杂机制。通过对"中国风格服装设计的创作过程"的深入剖析，为构建中国风格服装设计创新的理论模型奠定了基础。

第一节 开放式编码：资料的概念化和范畴化

概念作为理论的基本构成单位，在扎根理论方法中，开放式编码是一种分析过程，通过识别概念的性质和维度来生成概念。该过程包括针对数据进行提问，比较现象中每个事件和活动的异同，并对相似的事件或活动进行命名并归类。① 本小节将采用开放抽样法收集一手资料（访谈资料）、报告书和影像等二手资料，并利用这些资料进行开放式编码，以便解释相关现象。

一、提取主要内容

（一）文本转化

在开放式编码的第一阶段，研究者会将原始的语音资料进行转录，即将采访录音的内容转为文字形式的资料。文本转化示例见表 3-1。

表 3-1　　　　　　　　　　　　**文本转化示例**

说　　明	原始资料：语音资料转化为文字
语音材料转录	通过选择穿着中国风格服装，消费者可以展现自己对于中国文化和传统的喜爱和认同，表达自己对于中华民族的情感和归属感。同时，中国风格服装设计可以融入当下的流行元素和时尚趋势，使消费者能够在传承传统的基础上，展现个人独特的风格和品味，达到个性化的自我表达。所以，对中国风格服装设计的喜爱体现了一种以情感体验为基础的对中华优秀传统文化的情感认同，这种情感认同能激发一种强烈的民族自豪感，表明了对本国历史、传统、价值观的深刻感受，并在情感层面上与其产生共鸣。[R26] 　　　　　　　　　　　　　　　　　　　　　　＊ R26 原始资料中的一部分

（二）分段拆解原始资料

开放式编码的第二阶段是对原始资料进行文段拆分，并标识出采访者和回答者的身份。采访者被标记为"I"（Interviewer），而回答者则被标记为"R"（Respondent）。为了方便后续查找和分析，要记录文段提及的时间。原始文本资料拆分的过程见表 3-2。

---

① Strauss A L, Corbin J. Basics of Qualitative Research：Grounded Theory Procedures and Techniques ［M］. Newbury Park, CA：Sage, 1990：74.

表 3-2　　　　　　　　　　　段落划分示例

说明	划 分 段 落	
划分段落	49	I(7:25)：您是如何选择文化元素，并将其应用到服装设计中？
	50	R(7:30)：可以运用传统的图案、刺绣、织物和剪裁等技艺，将传统文化的精华与现代设计相结合，打造具有浓郁传统风格的服装。延承了传统文化的美好，并将其融入现代服装中，让更多人了解和欣赏传统文化。

* R07 原始资料中的一部分

（三） 小文段的文本的分解

开放式编码的第三阶段是对拆分出的小文段进行评论。研究者会利用 MAXQDA 计算机软件中的文本编写功能，对访谈资料进行评论和分析。[①] 为了深入理解每个小文段所包含的意义和信息，研究者会对每个小文段进行细致的分解和分析，以获得更加具体和细致的信息。小文段分解示例见表 3-3。

表 3-3　　　　　　　　　　　文字和备忘录示例

编写代码	本文内容	备忘录
根据着装场合进行设计	57 R：近期备受关注的中国著名画卷《千里江山图》所塑造的青绿山水景象已成为青年画家严谨生活态度的象征。将该画卷中所描绘的青绿色彩以及起伏山峰的图案巧妙地融入服装设计之中，以使得中华文化元素与服装设计完美协调。以《千里江山图》作为绘画元素进行服装设计，首先确定旗袍的基本款式，包括袖型和领型等要素。随后，从	备忘录 145 ↑ ↓ 融合与协调

* R22 原始资料中的一部分

---

① 张奕华，许征妹．质化资料分析：MAXQDA 软件的应用［M］．台北市：心理出版社，2010：60-115.

(四) 备忘录和备忘录清单

开放式编码的第四步是填写备忘录并整理备忘录清单。在应用扎根理论的研究中，备忘录和图表在分析材料方面发挥着关键作用，因为编写备忘录和制作图表可以促使研究者深入思考研究数据。在本书中，我们使用两种方法来编写备忘录，以协助访谈资料的分解和内容的提取。首先，利用 MAXQDA 计算机软件对访谈资料进行整理，重点记录各小文段的主要内容并以备忘录的形式进行补充说明。其次，通过制订概念性备忘录来促进研究者的概念性思考，以更好地理解概念之间的关系。通过编写备忘录，研究者能够对研究材料进行深入思考和组织，并将其作为后续研究和分析的参考工具。

二、资料的概念化和范畴化

本书采用扎根理论研究方法开发一个理论框架，而构建理论的第一步是从研究材料中提取出概念。这项工作将在 MAXQDA 计算机软件中进行。首先，研究者会根据上下文中发现的意义和现象来命名相关的概念。其次，受访者提到的词汇会作为经验代码来进行命名。本书通过对材料进行概念化和范畴化整理，分析材料中反复提及的意义和现象，同时还分析了二手资料和数百个备忘录，最终共鉴定出 68 个概念。随后，研究者对这些概念进行重新比较和分析，并根据相似层次对其进行分类，形成了 18 个范畴和 6 个主范畴。

表 3-4 开放式编码目录

主 范 畴	范 畴	概 念
1. 中国风格服装设计的认知转变	1.1 认知的变化	1.1.1 新时代社会文化现象
		1.1.2 民族精神和民族情感的表达
		1.1.3 全新审美形态与审美体验

续表

主 范 畴	范 畴	概 念
1. 中国风格服装设计的认知转变	1.2　激发的级联效应	1.2.1　提升国家形象和软实力
		1.2.2　创造经济效应
		1.2.3　创造社会效应
		1.2.4　创造环境效应
2. 中国风格服装设计的文化认同	2.1　综合性文化演变	2.1.1　文化消费
		2.1.2　和谐发展
		2.1.3　以大众文化为中心
		2.1.4　传统文化的延续与表达
	2.2　社会认同	2.2.1　消费主导群体的归属感
		2.2.2　消费观念的认同
		2.2.3　生活方式的塑造
	2.3　文化自信	2.3.1　提升文化国际影响力
		2.3.2　增强文化多样性
		2.3.3　推动文化创新
3. 中国风格服装设计的驱动力	3.1　以文化为导向的服装设计	3.1.1　提升民族文化的认同感
		3.1.2　增强跨文化传播中的国际话语权
		3.1.3　历史文化价值观和文化精神的传承
		3.1.4　提高本土品牌创新力
	3.2　以人为中心的服装设计	3.2.1　符合大众的审美观念
		3.2.2　符合现代生活方式
		3.2.3　人与自然和谐
		3.3.4　提升用户情感体验

续表

主　范　畴	范　畴	概　念
4. 中国风格服装设计的影响因素	4.1　社会文化	4.1.1　社会历史背景
		4.1.2　文化特征
		4.1.3　传统文化保护与复兴
		4.1.4　生活方式
	4.2　艺术审美	4.2.1　符号化的民族象征
		4.2.2　现代审美情感
		4.2.3　融合与创新
		4.2.4　材料和手工艺
	4.3　市场价值	4.3.1　目标消费市场的需求
		4.3.2　品牌文化建设
		4.3.3　文化经济模式的扩展
		4.3.4　国内外的流行趋势
	4.4　心理满意	4.4.1　消费者的个性和喜好
		4.4.2　群体的文化认同感
		4.4.3　反差效应与创新性
		4.4.4　服装的实用性
	4.5　可持续性	4.5.1　环保材料
		4.5.2　环保生产工艺
		4.5.3　新技术的应用
		4.5.4　社会责任
5. 中国风格服装设计方法	5.1　选择文化元素	5.1.1　文化元素收集
		5.1.2　文化特征分析
		5.1.3　故事性表达
	5.2　收集设计资讯	5.2.1　文化元素再创造
		5.2.2　文化元素与服装的可结合性
		5.2.3　用户的着装需求
		5.2.4　服装的穿着场景

续表

主 范 畴	范 畴	概 念
5. 中国风格服装设计方法	5.3 服装设计要素	5.3.1 创意性的设计主题
		5.3.2 服装的工艺制作
		5.3.3 设计的价值体现
		5.3.4 服装的宣传方式
	5.4 创意服装设计	5.4.1 符合社会生活方式
		5.4.2 服装的美学表达
		5.4.3 用户的心理满意度
		5.4.4 服装的市场销量
6. 中国风格服装设计创新路径	6.1 服装设计创新的重要性	6.1.1 树立中国特质的服装品牌形象
		6.1.2 提升文化素养和设计创新力
		6.1.3 提高中国服装设计的国际影响力
		6.1.4 促进中华优秀传统文化的可持续发展
	6.2 服装设计的创新路径	6.2.1 技术创新
		6.2.2 提升原创力与品质
		6.2.3 可持续发展理念
		6.2.4 助力乡村振兴和文化扶贫

1. 中国风格服装设计的认知转变

将访谈内容和二手资料的笔记进行了概念化和范畴化，推导出第一个范畴"中国风格服装设计的认知转变"。该主范畴下包含 2 个范畴，涵盖 7 个概念。在受访者的回答中，他们都提到了对"中国风格服装设计的认知转变"的看法。通过自身经历的描述，详细说明了中国风格服装的发展及其反映出的文化现象。研究者将每个概念和范畴的导出依据整理成了文本形式。

1.1 认知的变化

1.1.1 新时代背景下的社会文化现象

- 群体共同认同的社会现象

中国风格服装是时尚潮流的文化符号，是在某一社会群体中普遍接受和认同的一种价值观、生活方式或审美表达方式，作为一种社会现象被广泛推广和使用。服装设计工作者通过对中华传统文化元素的创造性改编，形成了与时俱进、与当代社会相契合的潮流时尚。[R04]

- 与众不同的生活态度和生活方式的表现

中国风格服装设计是对特定文化的有意识的表达，承载了独特的生活态度和方式，如当下备受青年消费者喜爱的国潮服装，契合了他们对品位、独创性和个性化消费倾向的追求。[R07]

- 全新的时尚表达方式

中国风格服装的流行代表一种全新的时尚表达方式，反映了中华传统文化的内在价值，彰显了深层次的民族文化依据。作为一种本土文化的展现，它向世界展示了中华民族的自信，在传承和创新中国传统文化方面发挥了重要作用。近年来，随着中国经济的迅猛发展、国际地位的提升以及中华民族文化的复兴，设计界越来越注重本土民族设计，希望让具有中国传统特色的设计走向世界，形成与国际审美趋同的独特中国风格。[R05]

1.1.2 民族精神和民族情感的表达

- 符号化的情感表达方式

以传统文化为主题的服装设计的目的主要是重构与再现中国传统文化元素，以一种个性化的表现形式来迎合大众对中国传统服饰的喜爱，是民族文化的一种符号化的情感表达方式。比如中国设计师原创服装品牌盖娅传说、楚和听香、曾凤飞等，它们的设计中都会使用中国传统文化元素，这些品牌服装也可以传达时尚文化情感。[R01]

- 审美情感表达

中国风格服装通过满足人们在新时代的审美情感需求，提升了精神层面的感受。比如旗袍作为中国女性的代表性服装，展现了女性的端庄和典雅气质，传达了中国的民族情感。[R09]

- 民族个性表达

当前，全球化对民族文化生态的均质化产生了影响，推动了消费者日益追求本民族和文化的独特个性。为满足民族文化情感需求，中国风格服装设计作为一种视觉艺术形式，以服装为媒介，能够激起消费者的情感体验并引发情感共鸣。[R25]

- 怀旧情绪的复古情感表达

从服装心理学角度分析，怀旧被视为一种心理需求和文化现象，设计作品通常呈现出复古的外观形式，传递着人们对复古情感的追求。设计师会利用怀旧情感创造出富含复古情感的服装产品，并将其用于市场推广。他们会将新的设计元素巧妙融入传统元素之中，创造出与时代审美相融合的创新性设计。[R21]

- 从众心理影响下的归属感

从服装心理学的角度来看，中国风格服装能够激发人们产生安全感，进而形成一种归属感和文化认同感。当前，对中国风格服装设计情有独钟的消费者主要追求对独特身份的认同。在选择服饰时，消费者往往受到从众心理的影响，认为只有获得群体的认同才能获得安全感。[R22]

- 民族自豪感

人们对国风设计的喜爱体现了一种以情感体验为基础的对中国传统文化的情感认同，这种情感认同能激发一种强烈的民族自豪感，彰显了对本国历史、传统、价值观的深刻感受，并在情感层面上与其产生共鸣。[R26]

1.1.3　全新的文化审美形态与审美体验

- 全新的审美形态

中国风格服装设计的范围十分广泛，其中流行的"国潮"服装设计是近年来服装产业发展的重要趋势。"国潮"设计以中国传统文化与现代潮流元素的融合为特点，展现了一种全新的文化审美形态。近年来，通过多元化的营销手段，企业成功建立了品牌IP，引发了更加广泛的国货消费热潮。例如，"马克华菲"与电视节目"国家宝藏"合作推出的卫衣设计运用精美的刺绣工艺，

将传统文化元素与学院风格相融合，呈现出传统与时尚的新视觉效果，受到年轻人的欢迎。[R14]

- 全新的审美体验

在现代社会经济和文化的高速发展中，人们渴望在本民族文化中找到认同感和归属感。通过结合传统文化精髓和时代特点进行再创造，将中国传统文化元素与服装设计相结合，可以展现对民族文化的自信，使产品具有民族性、艺术性和时尚性，给大众带来全新的审美体验。这种设计方式在时尚界具有重要地位，同时也推动了中华优秀传统文化的传承与发展。[R20]

1.2　激发的级联效应

1.2.1　提升国家形象和软实力

- 提升国家形象

服装作为文化的象征性表达，具有展示国家形象和民族精神的重要作用。通过汉服的对外传播，国家形象能够得到有效塑造，同时也有利于中国民族文化的传承和发展，并向全世界展示中国民族服装的风貌。[R01]

- 软实力

以加强文化自信和民族凝聚力为目标，中国在冬奥会开幕式等重要场合广泛运用中国传统元素和思维模式。此外，"中国诗词大会"等节目的推出进一步促进了对传统文化的探索和挖掘，这种现象表明中国文化软实力在持续增强。[R05]

1.2.2　创造经济性效应

- 引领当代时尚生活新消费

在美学层面，中国风格服装呈现的不仅仅是一种抒发诗意生活的表达，也就是说，将日常生活艺术化，将艺术融入日常生活。同时，在中国纺织服装行业把"科技、时尚、绿色"作为新的发展定位的背景下，以文化为主题的设计可以深化观众对中国本土纺织服装品牌的认同，增强对本土时尚产品的消费信心，并引领当代时尚生活的新消费模式。[R02]

- 创造新兴的文化产业链模式

当前，中国积极推进传统文化复兴，其中包括中国汉服运动的兴起，使得汉服产业呈现出蓬勃的发展势头。伴随汉服的兴盛，相关的产业平台和文化活动应运而生，衍生出汉服租赁、汉服体验馆、汉服摄影等一系列新型文化产业链模式。汉服产业的发展和集聚已成为纺织服饰、文化行业不可或缺的组成部分，其影响力也日益壮大，吸引越来越多的人积极参与汉服社会活动。这一现象无疑为中国传统文化的传承和发展注入了新的活力，同时也为纺织服装行业和文化产业提供了新的经济增长点和发展机遇。[R15]

- 带动纺织产业的发展

汉服产业的发展可以借助中国在新材料领域研发的科技优势和产业链优势，以塑造服装品牌形象并促进销售。一方面，在汉服的制作中，将文化元素与功能性材料相结合，形成一系列新产品的迭代体系，例如，具备透气、疏水、速干、抗菌等功能的面料。另一方面，刺绣工艺在汉服设计中广泛运用，也推动了刺绣产业的发展。这种融合使得汉服产业创新不断，将科技与传统文化相结合，进一步提升了汉服产业的吸引力和市场竞争力。[R16]

1.2.3 创造社会效应

- 促进大众对中国传统文化的重视

通过积极保护和活化非遗技艺，可以有效促进社会大众对中国传统文化的重视，并持续弘扬与传承中国传统文化。这一举措实质上为非物质文化遗产的保护提供了有力支撑，使得中国传统文化在当代社会中得以焕发生机与活力，进一步激发了公众对传统文化的兴趣和重视程度。[R25]

- 对传统生活方式的再认识

在中国风格服装的宣传中，品牌故事被广泛应用，以增进公众对传统生活方式的再认知。举例而言，中国品牌服装常运用传统刺绣元素，在少数民族地区，这些传统刺绣成为传统生活方式的新景观。这种策略不仅强调了品牌与传统文化的紧密关联，也为公众提供了展现和亲近传统生活方式的机会。[R21]

- 丰富中国民族文化体系

民族文化体系对民族设计产生了深远的影响，尤其是在服装设计领域。特色化的服装设计已成为当代服装设计的主要发展趋势，通过巧妙地运用传统文化元素，这一趋势不仅能够显现传统文化的自觉性，更能够以其丰富性为中国民族文化体系增添更多的内涵。[R23]

● 民族传统文化认同

从社会视角来看，中国风格的服装设计实质上是国家身份的一种外在表现形式，它充分展现了人们对于民族传统文化所持价值观的肯定与认同。这种服装设计通过发扬传统文化元素，以独特的呈现方式，彰显了民族文化的多样性和独特性，体现了个体和社群对于民族文化的自我认同及其在社会中的地位。[R03]

1.2.4 创造环境效应

● 生态环境和谐

中国风格的服装作为一种审美风格，在外观上呈现出独有的特征，并与其他因素有着紧密的联系。其中，生态环境因素在时尚产品设计中具有重要的作用。设计者在创作时应该考虑产品的环保性，比如采用竹纤维、有机羊毛等环保面料。此外，植物染色的运用也可以替代传统的化学染料，从而呈现出独特的色彩效果，减少对环境造成的污染。[R11]

2. 中国风格服装设计的文化认同

基于对访谈资料和二手资料备忘录的概念化和范畴化，研究者将"中国风格服装设计的文化认同"整合为主范畴。该范畴分为三个范畴："综合性文化演变""社会认同"与"文化自信"，并且从中产生了 10 个概念。研究者以文本形式整理了每个概念以及范畴的导出依据。

2.1 综合性文化演变

2.1.1 文化消费

● 展现个人的审美偏好

中国风格服装设计将传统元素与现代时尚相结合，形成独特的审美风格。

消费者通过购买这样的服装，体现出对这种独特审美的欣赏和追求，表达个人对美的理解和认可。[R28]

- 身份的象征

中国风格服装设计在市场中形成了一种独特的品牌形象，穿着这样的服装不仅仅是追求时尚，更是一种文化认同的展示。消费者通过选择中国风格时尚，表达对自己与中国传统文化的联系和认同，展示出一种独特的文化认同。[R29]

2.1.2　和谐发展

- 传统与现代的协调

通过将中国传统服饰文化元素与现代时尚相融合，运用现代设计理念进行创新，实现对中国文化元素的艺术化重构。这种创意设计使得传统民族精神与时代发展相互交融，促进了传统文化与当代社会价值观的和谐共存，形成了独具特色的中华民族服装设计文化。[R09]

- 保护与发展并存

国家当前对非物质文化遗产的保护与发展非常关注，并高度重视非物质文化遗产传承人的作用。国家通过企业、高校、科研机构之间的紧密合作，致力于有效传承传统技艺，并促进非物质文化遗产的创新与发展。这种合作不仅体现了非物质文化的市场经济价值，还有助于实现非物质文化的可持续发展。[R27]

- 有形与无形

通过服装来传递中国传统文化的目的在于将中国传统服装的形制特征，如直领开襟、旗袍的立领、汉服的交领右衽等，与传统服饰图案、中国传统色彩相融合，并引入新的西式裁剪和国际流行色彩。我们可以看到中国汉唐时期的古典纹样以及具有未来科技感的几何纹样的融合。中国风格服装在有限的设计形式中，通过将传统与现代、东方与西方、古典与时尚相融合，表达出一种难以形容的神韵之美。[R06]

- 线上与线下协调

公司组建了一个团队，采用线上和线下相结合的方式来推广产品。在线上宣传方面，我们利用新媒体平台来传播信息，如抖音、微博、微信公众号以及公司网站等。同时，对于线下宣传，我们计划开展讲座活动，以实现面对面的交流和互动。此外，为了展示服装品牌形象，公司制作了精美的包装和手提袋，设计了海报，以扩大品牌宣传力度。[R01]

• 民族性与国际性

确保民族性与国际性相得益彰，以达到出色的设计成果，是使中华文化成为国际现象的关键。在此过程中，服装从业者应充分把握时机，积极探索各种方式，使中国文化在国际舞台上引人侧目，并与当代时尚趋势相契合，从而实现文化的跨越式发展与传承。[R07]

2.1.3 以大众文化为中心

• 引领时尚潮流

将大众文化作为设计的核心元素，通过融入时尚元素，使其符合当代审美和趋势。设计师可以通过独特的创意和工艺，将传统文化元素与现代风格相结合，打造出独特而时尚的服装，吸引广大消费者的关注与喜爱。这样，服装设计不仅能够传承和弘扬大众文化，还能够在时尚界占据一席之地。[R08]

• 提高消费意识

以大众文化为基础，通过设计师和品牌的努力，引导消费者对服装消费意识的改变。倡导消费者选择高质量和持久耐用的服装，避免过度消费和浪费，实现消费的合理化和可持续发展。此外，可以通过宣传教育，提升消费者对环境保护和可持续发展的认知，对整体社会的消费行为和态度产生积极影响。[R25]

2.1.4 传统文化的延续与表达

• 传统文化元素的融入

通过将传统文化的元素融入设计中，展现和延续传统文化的魅力和独特性。设计师可以运用传统的图案、刺绣、织物和剪裁等技艺，将传统文化的精华与现代设计相结合，打造具有浓郁传统风格的服装。延承了传统文化的美

好，并将其融入现代时尚，让更多人了解和欣赏传统文化。[R07]

  ● 文化故事的讲述

通过服装的设计构思、名称和展示方式等来讲述传统文化的故事，将服装变成文化载体。设计师可以通过服装的表达方式来表述中国传统文化的起源、演变和意义，通过服装的图案和刺绣来描绘历史故事和传统意象。这样不仅使服装具有了独特的文化内涵，也让人们对服装的欣赏和穿着产生更深层次的理解和认同。以服装作为媒介，传达和展现传统文化的魅力和价值，让更多人对传统文化产生兴趣。[R12]

  2.2　社会认同

  2.2.1　消费主导群体的归属感

  ● MZ 世代的年轻消费群体

现在的消费群体主要是 MZ 世代群体中的一些潮流爱好者以及汉服爱好者，他们个性鲜明、有活力，容易受到中国和国际时尚流行趋势的影响。他们喜欢购买国货，从本质上来看，消费者是喜欢国家的传统文化。[R19]

  ●社会价值观的表达

中国风格服装设计可以融入当下社会的主流价值观和审美观念，例如追求平等性、多样性、包容性等。通过服装的设计和风格表达，消费者可以表达对这些社会价值观的认同和归属感。[R02]

  ● 社交互动和共同体感觉

通过交流和互动，消费者能够感受到自己与同样喜欢中国风格的群体之间的相似性，共同追求与中国风格相关的价值观和审美标准，从而增强了归属感。[R03]

  2.2.2　消费观念的认同

  ● 消费者的自我表达

通过选择穿着中国风格服装，消费者可以展现自己对于中国文化和传统的喜爱和认同，表达自己对于中华民族的情感和归属感。同时，国风服装设计可以融入当下的流行元素和时尚趋势，使消费者能够在传承传统文化的基础上，

展现个人独特的风格和品位，达到个性化的自我表达。[R26]

- 文化价值观的体现

将中国传统元素融入现代时尚，通过服装的设计、图案、色彩等元素展示对传统文化的尊重和传承。穿着中国风格服装成为表达个人对传统文化认同与喜爱的方式，这种选择是基于个人对文化价值的追求，体现了对文化的热爱和尊重。[R05]

2.2.3 生活方式的塑造

中国风格服装设计强调对传统文化的传承和尊重，以及对社会责任和亲和力的关注。穿着中国风格服装可以表达对传统文化的热爱和珍视，以及追求简约、自然、平和的生活态度。这种审美观念和生活态度的选择和塑造，将影响个体的行为习惯和生活方式，形成一种与中国风格相契合的生活方式。[R10]

2.3 文化自信

2.3.1 提升文化国际影响力

- 拓展国际市场

中国风格服装设计可以通过参加国际时装周、展览和大型活动，与国际设计师、品牌进行合作和交流，积极开拓国际市场，在国际舞台上展示中国风格的设计作品，可以让更多的国际观众和消费者了解和认同中国文化，提升中国文化在国际上的影响力。[R27]

- 文化交流与合作

中国服装设计师可以积极参与文化交流与合作项目，与其他国家的设计师、艺术家进行合作，通过交流创作和互相学习，共同推动各国文化的发展。这种跨文化的交流与合作可以提高中国风格服装设计的水平和质量，加深国际社会对中国文化的了解和认同。[R24]

2.3.2 增强文化多样性

- 融合多元文化

服装设计可以积极融合多种文化的元素，如不同地域、民族和时期的传统服饰元素。通过跨文化的交流和碰撞，打破传统的界限，创造出更具创新性的

中国风格服装。[R18]

- 引领时尚潮流

服装设计可以积极引领时尚潮流的发展,将中国传统文化元素与现代时尚相结合。通过将中国文化的独特魅力融入服装设计中,打造出既有中国风格又符合国际潮流趋势的服装,提升中国风格服装的影响力和吸引力。[R19]

3. 中国风格服装设计的驱动力

根据访谈资料和二手资料的备忘录的概念化和范畴化结果,"中国风格服装设计的驱动力"被整合为主范畴。范畴是"以文化为导向的服装设计"和"以人为中心的服装设计",并提炼出 8 个概念,每个概念都与特定的范畴相关。研究者将每个概念和范畴的导出依据整理成文本形式。

3.1 以文化为导向的服装设计

3.1.1 提升民族文化的认同感

服装作为文化的载体,承载着特定文化的符号和表达方式。以基于中国传统婚礼服的造型结构发展而来的现代中式婚礼服为例,其设计中融入了中国传统文化的元素,如立领和门襟等,以此展现其深厚的民族特征和文化传承性。同时,这种服装也是中国婚礼服发展过程中最具有文化认同感的表征之一,它体现了人们对中国传统文化的认同和价值追求。[R01]

3.1.2 增强跨文化传播中的国际话语权

- 对发达国家的认识

欧美发达国家和地区经济实力强大,居民的生活水平和生活质量较高,他们有能力接受来自中国的文化,并对其进行"走出去"式的传播。这使得中国文化在欧美市场的开拓具备相当大的潜力,通过这种跨文化传播方式,人们可以发现中国文化的价值。其中,以传统文化为主题的服装设计被证明是跨文化传播的有效手段,如在各大国际时装周上展示的中国服装设计师的"中国风"服装作品。[R20]

- 提高中国文化传播的国际话语权

尽管目前设计中心仍集中在欧美国家，但中国服装设计已经成为国际服装设计领域的一部分。中国风格和款式承载了中国服饰文化的丰富内涵，并通过设计工作者的持续努力提高中国文化在国际舞台上的话语权和影响力。[R07]

3.1.3　历史文化价值和文化精神的传承

● 文化精神的传承

时尚流行与个体的思考有关，与整个国民的文化知识普及程度相关，主要体现在精神层面上。如今的大学服装专业强调服装文化内涵的表达，因此公司在进行设计时，也将品牌文化延伸至服装中。就像产品定位一样，会讲述一个主题或者一个故事。每个时尚潮流也都会有其独特的故事和背景。[R08]

● 推动民族的文化复兴

由于民族自信意识不断增强，急需维系和传承本民族厚重的文化底蕴。期待汉服文化能够重新成为文化的主流，并获得广泛的关注和支持。在推动汉服的复兴过程中，我们将坚守文化自信和文化自觉的立场，以恰到好处的方式展示中国文化的独特风采，从而推动民族文化的复兴。[R04]

3.1.4　提高本土品牌的文化创新力

● 跨界联名设计

跨界联名设计逐渐成为大众所钟爱的方式，其背后蕴含了服装企业与其他企业之间的创意合作。举例来说，品牌"Li-Ning"在2018年与中国汽车品牌红旗汽车展开了联名合作。这些设计作品展现了中国文化的独特特点，呈现出令人赞叹的设计触感，并促进了广大消费者的购买行为。[R14]

● 本土品牌文化创新力的不断提高

以文化为核心的服装设计是对当前中国社会历史背景的深度融合，通过内容、形式、载体、媒介和环境等多个维度的创意创新与发展，本土品牌逐渐在年轻一代中建立起坚实的影响力。这种设计能够吸引越来越多的年轻人广泛关注，并激发出他们深入参与的强烈愿望。[R17]

● 塑造服装品牌形象

通过运用文化营销策略，品牌形象能够被塑造，并与文化价值相融合，进而提升产品及品牌的附加值。这种策略的目的在于实现消费者和企业之间的共赢，使消费者能够获得更多的满足，同时企业也能够获得更多的利益。[R03]

3.2　以人为中心的服装设计

3.2.1　符合大众的审美观念

• 符合年轻人的特点和性格

当前流行的"国潮"时尚就是一个典型例子，它通过采用夸张的廓形、丰富多彩的色彩以及富含符号元素的设计，使服装造型结构向国际潮流化方向发展。这种设计风格在凸显个人自我表达的同时，也融合了当代时尚趋势，使得服装具有中国传统文化的独特魅力。[R18]

• 满足审美需要

服装不仅是人们穿着的物品，更是一种文化元素的表达媒介。当服装展现出美观时尚的特质时，它能够满足人们对审美的需求，引起他们的共鸣和喜爱。[R06]

3.2.2　符合现代生活方式

中国风格服装是一种具有中国特色的时尚潮流，其本质是在服装设计中融入中国传统文化元素。这种设计风格能够与当代社会的生活方式相契合。[R19]

3.2.3　人与自然的相互和谐

当前社会推崇绿色环保的时尚消费观念，因此，在中国风格服装设计中融入环保、自然和可持续发展的理念具有重要意义。这种理念的融入可以体现在服装的材料选择、色彩搭配、风格呈现以及造型设计等多个方面，展示人与自然之间和谐统一的理念。[R04]

3.2.4　提升用户的情感体验

• 产生情感共鸣

通过挖掘和展现传统文化的精粹，设计师能够以一种独特的方式引发用户的兴趣，并在设计中融入情感因素，以便在用户与作品之间激发出情感共鸣。通过这种方式，设计作品能够更好地满足用户的需求，同时在情感层面上与用

户产生更加紧密的联系和互动。[R28]

● 购买意愿的增强

随着国家对社会主义文化建设的日益重视和出台相应政策措施，民众的文化素养得到逐步提升。在这样的背景下，与中国传统文化（即所谓的"国风"文化）相关的服饰产品逐渐成为民众购买的焦点，其购买兴趣得以显著提高。[R15]

4. 中国风格服装设计的影响因素

根据访谈资料和二手资料的备忘录的概念化和范畴化的结果，"中国风格服装设计的影响因素"被整合为主范畴。范畴是"社会文化""艺术审美""市场价值""心理满意"和"可持续性"，并且产生了20个概念。研究者将每个概念和范畴的导出依据以文本的形式进行了整理。

4.1 社会文化

4.1.1 社会历史背景

服装的变化是社会历史发展的重要组成部分，其演变过程是一种时间上的文化符号变迁，代表了社会性别和地位的转变。以旗袍为例，在其发展过程中，裙侧开衩位置的演变受到社会因素不断变化的影响，从而引发了不同的走向。这种变化在一定程度上可以被视为社会意识形态的反映。旗袍裙侧开衩位置的高低表明了服装设计的时代变革，体现了社会背景下的价值观念、审美观念以及女性身份和地位的演进。[R07]

4.1.2 文化特征

● 地域文化元素的重要性

中国地域辽阔、文化资源丰富，因此，在进行服装设计时，我们优先考虑地域文化元素的选取。以湖北省为例，该省是荆楚文化的发源地，楚凤作为荆楚文化的浓缩表征，成为我们设计中的首选文化元素。通过选择楚凤元素，我们将湖北省地域文化彰显于设计作品之中。同时，我们希望通过设计的力量，唤起普通民众对湖北省地域文化的关注，并促进地域文化的弘扬和传承。

[R05]

• 多维度的文化特征分析

在对文化元素进行收集后，我们对相关资料进行整理，并从外观、寓意、精神等多维角度对文化特征进行深入分析。以中国传统文化中吉祥寓意的色彩——红色为例，我们发现在中国婚礼上，新人通常会选择穿红色的婚礼服，以表达喜庆之情。这种现象可以从文化学的角度予以解读。红色在中国传统文化中是一种象征吉祥和喜庆的色彩，婚礼作为人生中重要的仪式之一，对祝福和吉祥的需求尤为重要。[R08]

• 实地考察

笔者展开了一项实地考察任务，前往中国的少数民族地区，以深入了解当地居民的生活环境、宗教崇拜等方面的情况。通过这一考察经历，笔者将对所获得的信息进行提炼，以应用于服装设计领域。在传达少数民族思想的同时，将其融入现代人的审美因素之中，从而在现代服装设计中展现出该民族的精神文化之美，进而激发更多的艺术价值。[R09]

• 表现民族文化特质

为了确保文化元素的民族特质，其代表性应在各个方面得以体现，包括民族情结、宗教信仰、民族风格和意识形态等方面。通过深入挖掘中国民族文化元素，我们能够完整地表达中华传统文化的精神内涵。[R09]

4.1.3　传统文化保护与复兴

目前，中国政府正积极推动传统文化的复兴，其中包括举办一系列活动，如汉服运动和汉服节等，这些活动使现代汉服在街头巷尾更加常见。这种现象表明，人们开始更理性地追求精神层面的生活需求，并对弘扬中国传统文化有了更加深入的认识。[R09]

4.1.4　生活方式

• 符合现代人的生活方式

现代汉服的设计在保留中国传统服装的含蓄美和内敛特征的同时，借鉴了西方服饰的设计手法。其设计应符合现代人的生活方式，并摒弃传统汉服中过

于烦琐的部分，以使汉服更适合人们的日常穿着，进而增加人们对于穿着汉服的乐趣。[R09]

- 着装场景

在服装设计过程中，需充分考虑服装的穿着场景。就正式场合的礼服设计而言，可以运用中国传统文化的特色元素，例如，龙凤图案、刺绣手工艺和扎染技术。这些元素不仅使设计具备民族特征，更赋予服装以独特的美感和符号意义。在通勤装设计方面，要注重日常穿着的实用性。比如，将扎染技艺与便利的日常穿着需求巧妙地结合，创造出符合通勤场合的服装。而在舞台装设计中，可以运用扎染的抽象艺术特征，以达到夸张和戏剧性的艺术效果。通过这样的设计手法，扎染图案不再仅作为装饰元素存在，而是通过艺术的表现形式，巧妙地展现了舞台表演的戏剧魅力。[R04]

4.2 美学表现

4.2.1 符号化的民族象征

服饰本身具有象征意义，要求在服饰设计中注重运用民族文化符号。例如，旗袍作为表现中国女性服饰文化的符号，其独特的立领和门襟等元素已广泛应用于国风服装设计中。又如唐装上的龙凤图案，展现了中国特有的风俗与韵味。这些符号的运用使得服饰设计能传达出特定的文化内涵和价值观，从而丰富了文化的表达与交流。[R03]

4.2.2 现代审美情感

- 外在审美要素与文化内涵的结合

中国风格的服装设计应当以展现中国女性独特的气质与性情为目标，设计理念上在对传统文化的传承与当代的创新之间寻求统一。在衣料、式样、做工、装饰等外在审美要素以及文化艺术内涵的内在审美要素等方面，对服装进行鉴赏，以体验中国民族服装独特的魅力。通过这样的鉴赏过程，人们能够提升对美的认知和欣赏美的能力，并培养对美的热爱，从而丰富生活情趣。[R22]

- 意境美

通过将中国的民族精神与现代服饰设计相融合，使设计作品实现"形神合一"，从而表达出一种意境美。这种意境美不仅仅局限于外在的美感，更是通过设计作品传达深刻的内涵，并达到情感上的共鸣。[R10]

● 美感

在进行服装设计时，我们要考虑设计元素的整体性视觉效果和感受，即从服装的色彩、款式、面料、图案等多个设计元素的综合呈现中体现出美感。[R08]

4.2.3　多元化的融合与创新

● 传统手工艺与数字技术的融合

在当代，许多具有民族情怀的服装设计师将手工印染融入现代化的应用中，例如，将传统手工印染与现代平面设计软件相结合。这种应用方式旨在通过创新性的设计方法，将传统手工印染技艺与现代技术有机地融合，以创造出更具现代感和前瞻性的服装设计作品。通过这种整合方法，设计师们能够将传统手工印染技艺转化为具有现代审美和趣味性的图案和纹样，使得服装设计更具个性化和艺术性。[R20]

● 丰富的视觉效果

"国潮"服装在服装设计领域引起广大消费者的关注和喜爱。这种潮流体现了传统文化与现代流行元素的巧妙融合，具有较高的艺术价值。作为一种新兴的服装表达形式，国潮服装承载了丰富的潮流文化内涵，其设计构成以形态、色彩、材料和图案为综合依据，创造出引人注目的视觉效果。[R09]

4.2.4　材料和手工艺

当前，传统蓝染技术与现代工艺相融合的方法主要体现在多种面料和织物的制作过程中。丝绸、麻织物和合成纤维面料等成为应用传统蓝染技术与现代生产工艺的主要载体。这些面料经过精心处理，将其转化为各种服装和配件产品，如礼服、吊带裙、太阳伞、包袋、帽子、礼品盒等。[R11]

4.3　市场价值

4.3.1　目标消费市场的需求

- 消费力的增长

服装设计师在表达个人情感的同时，更多的是传达适应目标大众追求的集体趋同价值观。因此，现代服装设计在很大程度上受到各种目标消费市场因素的限制。举例来说，当前的"国潮"设计正成为一个趋势。据知萌咨询机构发布的《2022 中国消费趋势报告》调查显示，2021 年，有 42.5% 的消费者增加了对国货的消费。[R16]

- 市场行情和价格定位

市场行情和价格定位等内容在整个设计过程中具有至关重要的意义，因为设计出来的衣服必须具备良好的销售能力。[R15]

- 订单的要求

订单的要求可以被视为客户的要求，客户通常会提出具体的指导，例如要求设计某种特定品类或风格的服装。[R16]

4.3.2 品牌文化建设

风格在塑造品牌的过程中功不可没，服装企业经常通过设计师的独特创意去创造与品牌相契合的风格，以此来构建品牌形象，使消费者能够深切感受到品牌所蕴含的文化内涵。[R07]

4.3.3 文化经济模式的扩展

中国风格服装设计将中国传统文化与经济模式相融合，将中国传统文化元素与现代服装设计相结合，以满足人们对于独特的、具有历史传承和文化内涵的产品的需求。这种文化经济模式的普及推动了中国传统文化的传承与发展，创造了商业价值，具有较大市场潜力。[R01]

4.3.4 国内外的流行趋势

- 一线品牌设计师的影响

我们会去市场上考察一线品牌的服装款式，因为一线品牌的设计具有显著的指导作用，能够提升我们的设计敏感度。[R04]

- 社会整体流行趋势的影响

受流行趋势的影响，社会大趋势持续自我演进，服装领域亦随着时代的更

迭，展现出一种动态且充满活力的演进态势。[R10]

4.4　心理满意

4.4.1　消费者的个性和喜好

● 好看的设计

可以通过问卷调查了解消费者的喜好，比如哪些元素比较好看，色彩、纹样等，或者中国结、流苏等传统手工艺，或者 IP 设计等。[R05]

● 消费者的性格

"国潮"服装的消费者主要是年轻人，其特点包括追求独立、拥有较高的消费能力，希望服装能够有效地表达自己的个性特征。[R27]

● 消费者的审美心理

随着社会潮流的演变，消费者的审美观念也会发生变化。时下，人们日益追求时尚、高品质和美观的心态，因此，时代对于消费者审美心理的影响将愈发成为主导因素。[R02]

4.4.2　群体的文化认同感

中国 MZ 世代的年轻消费者对国货的偏爱，从本质上反映了他们对于国家传统文化的喜好。因此，这种购买行为体现了群体文化认同，唤起了人们对于传统文化的自豪感。[R25]

4.4.3　反差效应与创新性

中国风格服装设计在保留传统元素的基础上，加入了现代时尚的元素和创新的设计理念，与传统文化产生了强烈的对比，满足了穿着者对于独特和创新的追求。[R22]

4.4.4　服装产品的实用性

在进行设计时，必须考虑服装设计的实用性价值。对于中国风格的服装设计，除了体现民族特质外，还应该关注其实用性。例如，口袋的大小、面料的环保性和吸湿性等因素都要被考虑。[R07]

4.5　可持续性

4.5.1　环保材料

在获取创作灵感的基础上，通过绘制服装样式图进行设计，注重使用环保面料。在材料选择方面，考虑采用天然环保纺织品、可再生循环纺织品和降解合成纺织品。[R12]

4.5.2 环保生产工艺

• 生产流程环保

衣物设计强调推广使用环境友好的生产工艺，例如，在生产流程中，注意低碳排放、节能环保，以减少对环境造成的不利影响。[R07]

• 简单设计

着重关注可持续设计，考虑减少着色、装饰、细节、印刷和缝合的数量。这样可以降低对环境的负面影响，并鼓励消费者选购更简洁的款式。[R07]

4.5.3 新技术的应用

将3D虚拟仿真技术运用于服装个性化定制中，通过DITUS人体扫描仪和RTT面料扫描仪收集人体数据和面料信息。利用软件系统实现服装款式、色彩、面料和纸样设计的修改和可视化，以及在CLO3D平台上进行虚拟动态展示。数字化服装设计具有快速的开发周期、数据更新速度快和设计费用较低的优势，能够及时解决研发阶段出现的问题，越来越多的服装企业对数字化设计方法青睐有加。[R01]

4.5.4 社会责任

在服装设计领域，关注生产者的福利和公平贸易非常重要。这意味着倡导为生产者提供合理的薪酬和良好的工作条件，以确保他们的福利和权益得到保障。此外，可持续发展也是一个关键因素，以确保整个供应链的可持续性，包括对环境的保护以及社会责任的履行。[R23]

5. 中国风格服装设计方法

根据采访数据和第二次资料的概念化和范畴化的结果，将"中国风格服装设计方法"合并为主范畴。范畴是"选择文化元素""收集设计资讯""服装设计要素"和"创意服装设计"，并产生了15个概念。研究者以文本的形式整理了各概念和范畴的导出依据。

5.1　选择文化元素

5.1.1　文化元素收集

- 田野考察

进行田野考察，采用地域和历史的视角，对当地传统文化对象进行深入分析。[R05]

在旅游过程中，通过视觉媒介（如拍照和摄像）积累了大量文化素材，并与当地居民交谈，以了解当地的习俗与民情。[R04]

- 口述史

通过对当地工匠或原住民的口述史进行实地调研，收集相关的口述史资料，以此作为研究的基础。[R10]

- 个人兴趣

在素材收集过程中，我发现水墨艺术作为中国独特的文化元素，其独特性和趣味性引起了我特别的关注，并成为我设计灵感的主要来源。[R04]

- 头脑风暴

在设计小组会议上，我们进行了讨论并提出了各自的意见，最终决定选择特定的元素作为设计灵感。举例来说，考虑到今年是虎年，我们开始收集与虎相关的各种元素，如虎头鞋和虎形剪纸图案。经过仔细选择，我们最终确定了将剪纸作为我们的主要元素。由此，我们的设计师将会巧妙地将剪纸元素应用于服装设计之中。[R08]

- 历史与美学

从服装发展的历史与美学角度来考虑，我们追求寻找那些具有美感的文化元素。举例来说，我们可以关注汉服的右衽交领和直裾设计，以及旗袍的立领、下摆、开衩和盘扣等元素。我们挖掘它们所蕴含的文化符号与美学特点，并将其运用于我们的服装设计中，以创造出独特而具有美感的作品。[R04]

- 具有文化传播的属性

具有中国特质的文化元素必须具备跨文化传播的属性，以实现中国文化在

全球领域的认同和接纳。[R09]

● 反映中国人文精神和民俗心理

这个文化元素必须能够反映中国的人文精神和民俗心理，并具备中国特有的文化特征，主要指与物质相关的文化元素，即物质文化符号。比如，中国传统的剪纸和皮影等艺术形式，作为具体的物质文化符号，承载了中国人特有的审美情趣和创造力，同时也代表着中国的传统文化价值观和智慧。[R21]

● 纺织印染技术

将中国传统纺织和印染技术融入现代服装设计，是对这些文化元素的继承和发扬。其中，涉及取材于传统纺织、印染技术的具体文化元素，如宋锦织造技艺、扎染、中国四大名绣和蓝染等。通过将这些传统技艺与现代服装设计相结合，形成一种跨界融合的艺术创作形式，既延续了传统纺织和印染技术，又赋予了其新的审美意义和时代价值。[R06]

● 地域特有的艺术文化和民俗

通过提取地域特有的艺术文化和民俗，可以获得丰富的文化元素，并将其融入现代服装设计中。例如，在中国少数民族地区的民族服饰中，存在许多独特的文化元素。一些设计师选择将瑶族服饰中的图腾纹样运用到现代服装设计中，以展现和传承瑶族文化。另外，设计师还将中国重庆市特有的吊脚楼建筑的独特造型融入服装设计中，以体现地域文化的特色。[R08]

5.1.2　文化特征分析

● 显性文化符号和隐性文化符号

通过对文化对象的深入调查与研究，我们可以提取出文化元素中的显性文化符号和隐性文化符号。显性文化符号是指那些具有直观性和易识别性的符号，比如特定的服饰、建筑风格、艺术作品等。而隐性文化符号则指需要进行一定解读，才能理解其意义的符号，比如象征性的图案、符号、习俗等。在设计符号时需要考虑消费者的审美意识和情感需求，从而能够引起他们的情感共鸣。[R08]

● 象征性

红色在古代具有吉祥和喜庆的象征意义。这可以从历史上的一些传统习俗和符号中得到体现，比如古代的婚礼喜服常常选用红色，因为红色被认为能够带来好运和幸福。在博物馆文创产品中，编织的本命年红绳、情侣款红绳等，也都以红色作为主要色彩，这是因为红色象征着吉祥和喜庆，这样的象征意义更容易被消费者接受和认同。[R14]

- 精神意识

少数民族的图案在本质上代表了一种精神意识，其中包含对图腾观念、自然崇拜、巫术活动、万物有灵、生殖崇拜等方面的表达。这些图案实质上是一种具有宗教意义的"信仰文化"。一个例子是藏族图案中的"吉祥结"，藏民们钟爱这一图案，会在服装、鞋帽上绣上特定的图案和符号，戴上印有宗教符号和佛教法宝的装饰品，希望能够获得平安和吉祥。这种信仰文化在视觉上反映出少数民族的独特文化传统，代表了他们的宗教信仰和精神追求。[R05]

- 哲学思想

从形制上来看，汉服采用了一些特殊的设计，比如上衣下裳制、深衣制和襦裙制等。这些设计遵循自然的流动，面料能够随着人体的动作展现出不同的曲线美。这种设计方式体现了"天人合一"的造物思想。[R20]

- 美感

蓝印花作为一种具有浓郁中国风格的文化表达形式，以其独特的色彩艺术和图案艺术而备受喜爱。尽管蓝印花的色彩仅限于蓝色和白色两种，但其印花文化却展现出极为丰富的内涵，使得蓝印花能够呈现出活力四射且富有美感的整体色彩表现。[R13]

- 造型特征

施洞苗族服饰的纹样主要应用于女性上衣、织锦围腰和银饰，在外部特征方面呈现出多样的图案。这些纹样主要以动物纹和人形纹为主题，同时也融入了植物纹、几何纹和宗教纹等元素。图案的结构形式包括单独纹样、连续纹样和适合纹样等。工艺手法包括当地独有的破线绣、苗族堆绣、锁绣以及铸银等

技艺。[R04]

5.1.3　故事性表达

广西红瑶族女子的上衣，其后背、两肩和前襟被绣上了多种图案，包括人形纹、狗纹、龙纹和船纹等。这些图案表达了瑶族师公传唱的《创世古歌》。在衣袖的两肩处，绣有始祖龙犬的形象，而衣身上绣有一艘船，在汹涌波涛中承载着许多人，展现了瑶族先祖们漂洋过海的传奇故事。[R09]

5.2　收集设计资讯

5.2.1　文化元素再创造

- 探索社会文化环境

通过对社会文化环境的探索，定义具有派生意义的服装。比如，在重新创造楚凤元素的设计过程中，我们要考虑其符合新时代背景下的大众审美，以及顺应当下的流行趋势和生活方式。[R08]

- 基于形式美法则的设计

从形式美法则的角度看，可以用多种方式将原始图案应用于服装设计中。一种方式是直接移用原始图案，重点考虑图案的色彩、肌理、构图与服装整体效果的融合。另一种方式是对原始图案进行解构，有意识地拼接构成新的形象。这样能以一种新颖的方式重新设计和演绎原始图案，使其成为一种独特的艺术表达形式。在这个过程中，可以通过选择和拼接不同的图案元素，创造出富有个性和创新的服装形象。[R07]

- 数字化提取

前往中国的少数民族地区进行实地调研，以拍照或摄像的方式收集当地少数民族服饰的相关资料。取得这些资料后，利用计算机绘图软件对这些服饰的造型结构、纹样形态和色彩进行提取和分析。[R06]

- 建立文化元素的数字信息资料库

通过实地调查和研究，收集关于文化元素的文字和图像信息。对文化元素的设计、色彩、纹样、材质、情感、功能和象征等方面进行深入解读，运用计算机图像识别软件对文化元素的特征进行分析和提取，并同时建立数字化的文

化对象信息资料库。[R09]

- 抽象化重组和数字化再现

根据当前的流行趋势，通过抽象化重组和数字化再现，对文化对象的造型、图案、质感和色彩等进行处理，将数码印花技术应用于服装的设计和开发中。例如，将民间手工艺与旗袍设计相结合，运用挑花、刺绣等装饰手法进行图案装饰。[R11]

- 新视角

运用创新的研究方法或者以新的研究视角，对传统文化元素的文化内涵进行深入解读。着眼于当前的社会热点、事件、符号以及生活方式，以确保所提出的服装设计属于当代人易于接受的形式。[R03]

- 艺术审美

可以通过将扎染和蜡染两种传统手工艺与蓝染相结合的创新方法，实现图案的随机性表现。随后，将蓝印花布应用于现代产品设计中，主要关注其简洁、美观和实用性。此外，在艺术创作中，蓝印花布的图案遵循传统审美法则，并通过结构处理表现出对称性、多样性、重复性和韵律性等艺术特色。[R21]

- 满足消费者的审美取向

设计师可以借鉴地域文化因素，以满足本土消费者的传统习俗和审美取向。由于地域文化具有独特的艺术形式，设计师能够通过融入地域文化元素来吸引消费者的注意。[R02]

- 民族手工艺和现代设计手法

可以将地域文化元素或中国传统服饰文化元素进行提炼、概括和再创造，以创造出与当代服装设计形态相符的设计语言，充分展现文化元素。可以通过运用现代设计手法，如抽褶、镂空和解构等，来达到表达文化元素的目的。另外，设计师还可以利用民族手工艺技法，如刺绣和挑花等，重新创造图案，以实现文化元素的再创造。[R06]

- 根据着装场合对文化元素进行再创造

可根据服装的不同穿着场合对传统凤鸟文化元素进行现代化设计。例如，当凤鸟文化元素融入礼服设计时，可选用刺绣工艺展现凤鸟的图案，以突出其华丽、精致的特质。若凤鸟图案用于休闲服装，则数码印花技术为比较合适的表现手法，以呈现这一图案的时尚和活力特色。同样重要的是，必须考虑用户的其他需求，根据其特定需求对图案设计进行适度的调整。[R04]

5.2.2　文化元素与服装设计的可结合性

近期备受关注的中国著名画卷《千里江山图》所塑造的青绿山水景象已成为青年画家严谨生活态度的象征。将该画卷中所描绘的青绿色彩以及起伏山峰的图案巧妙地融入服装设计之中，使得文化元素与服装设计完美融合。[R22]

5.2.3　用户的着装需求

- 线上调查

利用移动应用程序来创建电子问卷，以调查并了解用户需求。首先，通过问卷收集关于用户的性别、年龄、职业、收入等个人社会阶层属性的重要信息。其次，通过调查问卷还可以获取用户在服装消费方面的行为和态度，例如，他们如何评估所需服装的标准。最后，调查内容集中在用户对服装改进的建议和需求方面。[R01]

- 线下访谈

在用户需求的调研中，可以运用深度访谈的方式来深入了解用户需求。深度访谈是一种一对一的交流方式，通过与用户面对面的交流，可以探讨服装方面的各个细节，包括款式、面料、细节处理、风格以及穿着感受等方面的内容。这种访谈方式能够更加全面地了解用户对于服装的诉求和期望，为产品设计和开发提供有力的参考依据。[R06]

- 线上和线下相结合的方法

在调查用户需求时，可以采用多种方式进行。初始调查阶段通常采用会议形式，以深入研究客户的需求。此外，电话、邮件和小组讨论也是常用的调研方式，这样可以直接与客户进行沟通和交流。同时，重要的信息应随时记录下

来，以便后续分析。在与客户的交流完成后，需要整合和分类交流结果，以便开展后续的分析活动。[R03]

5.2.4 服装的穿着场景

• 特殊场合的服装

目前，汉服在社会范围内尚未达到普及的程度，其穿着者主要限于具有汉服情怀的个人，并仅在特定场合进行着装，如景区旅游拍摄、参与汉服相关活动等。[R28]

• 根据着装场合设计

以《千里江山图》作为绘画元素进行服装设计，首先确定旗袍的基本款式，包括袖型和领型等要素。随后，从《千里江山图》中提取出青绿色调和山脉的形状作为设计灵感。综合考虑服装的穿着场合，如职业装、日常休闲装以及高级定制等，进一步确定设计理念的方向。最终，将《千里江山图》中的色彩、图案等元素巧妙地融入服装设计之中。[R22]

• 分波段进行设计

我们遵循波段分析的原则，对服装的设计和生产进行分阶段处理。举例来说，针对老虎元素的设计，我们仅将其用于元旦或新年时段，而超过该波段后，我们会转换为其他元素。如果我们面临库存销售不畅的情况，我们将采取打折促销的方式来刺激销售。[R01]

5.3 服装设计要素

5.3.1 创意性的设计主题

• 彩色服装效果图

首先通过收集和分析相关文化现象、生活方式等，提取元素并进行转化和延伸。基于国际时尚流行趋势，从色彩、材料、款式、工艺等方面提取时尚元素。然后将传统文化元素与时尚元素融合，在设计草图中绘制纹样、工艺和颜色等设计元素，经过多次修正后制作服装彩色效果图。[R04]

• 故事性

客户可以深入理解品牌的文化和设计理念，然而，宣传和推广这种概念通常需要通过终端传达给消费者。例如，现代品牌通常通过微信公众号发布新产品。每个季度的新品推广都会有一个主题，每个主题都代表一个故事的讲述。[R11]

- 基于理论的构思

通过结合现代设计理论，我们可以深入理解和阐释文化元素的起源、演变状态以及它们所蕴含的价值，从而创造出与现代审美观相契合的服装。[R20]

- 美感

通过调查研究，可以了解消费者对服装款式和质量的偏好。随后，结合当前的流行趋势，创造独特的艺术概念，以达到表达服装美感的目的。[R11]

- 设计思维方式

在收集和整理资料、进行市场调研以及制订设计定位的基础上，运用立体思维、形象思维和创造性思维来进行服装设计方案的整体性思考。[R10]

- 再定义

通过"动态保护"和传承的方式，将文化元素重新定义，在考虑人们的服装审美要求的基础上展开。[R03]

- 多角度分析

从历史学、艺术学、社会学和民族学的角度出发，对文化元素的造型特征及其在服装设计中的应用方式进行分析。比如，中国纺织类非物质文化遗产中的蜡染、扎染和蓝印花布，这些工艺技术类型采用了天然蓝靛染料，呈现出色彩淳朴、沉稳的特征，并且图案具有一定的随机性，展现出自然和谐之美。这些文化元素在色彩、纹样和寓意等审美层次上都具有独特的表现，受到广大消费者的喜爱，得以广泛流传。[R13]

5.3.2　服装的工艺制作

- 现代裁剪方法与民族手工艺结合

在服装制作过程中，将现代裁剪方法与民族手工艺相结合是非常重要的。比如，在制作旗袍时可以采用西式的服装裁剪方法，并结合中国传统的刺绣工艺，将楚凤图案运用到旗袍设计中。这样的融合不仅能够保留传统手工艺的独特魅力，同时也使得服装具有现代感和时尚感。这种结合方式体现了对于传统文化的珍视和尊重，同时也展现了对文化遗产的创新和发展。[R10]

- 服装工艺流程

在确定服装构思后，开始服装制作过程。先借助彩色服装效果图，详尽了解服装的色彩、面料、款式结构、服饰搭配以及整体表现等内容。随后，通过测量人体各部位的尺寸，绘制平面裁剪图形，以符合服装造型和规格尺寸，并对服装版型进行修改和完善。然后，根据样板进行面料裁剪，并进行缝制。最终，得以制成成衣。这一制作过程，借助效果图对服装的整体特征有了透彻的理解，通过裁剪和缝制环节将设计变成成品。这种制作过程融合了创意构思与实物制作的环节，充分展现了服装设计及制作的综合性和技术性。[R09]

- 环保面料

根据灵感绘制服装款式图，并考虑注重环境保护方面的因素。在材料选择上，特别关注采用天然环保织物、可再生循环织物以及可降解合成织物等。这类面料既符合服装设计的灵感要求，又呼应了当前社会对环境保护的需求。[R13]

- 简单设计

考虑在服装设计中减少着色、装饰、细节、印刷以及缝合等方面的使用。这种设计强调简约与纯净，追求减少物料及能源的消耗，以及减少对环境的负荷。通过减少这些元素的应用，既可以降低生产过程中对有限资源的依赖，也能促进可持续的制造和发展模式。这种设计理念强调对于设计过程中每一项细节的筛选，以达到减少浪费和环境影响的目的，体现了对可持续性的关注和责任感。[R05]

5.3.3　设计的价值体现

- 文化传播价值

服装作为一种载体，具有表达中国传统文化中精华元素的能力，包括物质文化和非物质文化。从本质层面上看，服装具有文化传播的功能，可以被理解为传递文化的一种方式。[R02]

- 民族性价值

中国改革开放后旗袍的复兴，更多地表达了一种意识上和理念上的复兴。基于其民族性的价值观，在文化形象上进行了重塑。这种民族性的价值观在国家层面和民间实践中得到了充分的传承和发展，如今很多礼仪服装设计中融入了旗袍元素。[R03]

- 审美价值

中国风格服装设计可视为一种艺术表达形式，其市场接受度源于其内涵特质以及文化审美价值，其所包含的特殊情感内容与文化审美价值使其受到市场认可。[R14]

- 教育价值

近年来备受青睐的汉服不仅仅是时尚潮流的一部分，还具备重要的科研教育价值，越来越多的研究者对汉服的历史与文化展开了深入的研究。[R05]

- 提升服装的品牌价值

将传统文化元素进行创新并体现在服装设计中，其所蕴含的爱国情结，在于对国家文化的珍爱与传承。这种创新不仅能够赋予传统文化以新的生命力，还能够彰显其价值内涵和独特魅力。通过塑造适应当代年轻人审美的文化元素形象，能够赋予品牌更丰富的文化内涵与价值。[R01]

5.3.4　服装产品的宣传方式

- 网络平台推广

利用社交媒体、电商平台等网络渠道，通过发布图片、视频和文章等形式，展示中国风格服装的独特魅力和设计风格。可以利用时下流行的直播、微博、抖音等平台进行传播，吸引更多关注和购买。[R15]

- 线上直播和线下体验

在我的旗袍工作室中，我每天积极利用新媒体平台进行实时直播，以展示我所设计的服装精品。与此同时，我也设立了时尚体验店，为顾客提供亲身试穿和感受服装的机会。此外，我们还提供上门定制的贴心服务，为顾客打造独一无二的服装体验。[R06]

5.4　创意服装设计

5.4.1　符合现代社会生活方式

在对传统服饰进行现代创新性设计时，应考虑将设计元素与当代生活方式相融合，因为传统服饰的重要性不仅仅体现在时尚美感上，还需使人们乐意穿着所设计之服装。采用新设计手法，通过工艺及质感等来展现服装所具备的品质。[R10]

5.4.2　服装的美学表达

• 符合现代审美标准

在将传统文化元素与现代服装设计相结合时，需要考虑服装款式的现代设计表达，以符合现代人的审美标准。例如，在设计现代化的汉服时，可以在传统汉服的基础上进行创新设计，如采用立领、无袖和增加衣摆量等，或在胸部、肩部等局部增添装饰图案。此外，可以将汉服与流行的西装等时尚单品进行搭配，以展现混搭风格。[R10]

• 工艺的独特性

我们采用熟练的蓝染工艺对床单、枕套等产品进行装饰设计，通过多样化的设计工艺全面展示蓝染工艺的独特特性。[R09]

• 服饰美学

在作品创作中，需考虑审美价值，即满足人们精神层面的需求。其中，空间意境、自然意境和自由潇洒意境对服饰美学设计起到重要作用。[R2]

• 传统手工艺与环保面料的结合

传统手工艺技术与环保面料如香云纱、丝绸等相结合，以促进面料产业的可持续发展。[R12]

5.4.3　用户的心理满意度

• 私人定制服务

我们的旗袍产品以批量生产为主，同时为了给客户提供更加优质的体验，我们也提供私人定制服务。在此服务中，我们会根据客户的独特要求，进行款式设计和面料的个性化选择，并且派员上门为客户进行尺寸的测量，

以保证所设计和制作的服装完全满足客户的期望和喜好。[R06]

- 民族文化的识别度

从文化传播的角度来考虑,服装设计不仅需要具备审美价值,而且还应当具备中国文化的辨识度,以传达文化和民族情感。作为文化传播和交流的媒介,服装设计需要运用文化元素,以传承中国优秀的民族文化,同时展示服装的艺术美和文化特色。[R20]

- 合体性和舒适性

在考虑服装的基本功能时,必须着重考虑其合身性和舒适性。这两个要素主要通过精细的裁剪和高超的手工艺技术来实现。[R12]

5.4.4　服装的市场销量

- 设置阶梯价格

虽然汉服在审美上具有吸引力,然而其复杂的制作过程需要大量时间和精力投入。高品质的汉服从设计到出厂售卖需要数月之久,因此价格通常在600~800元,许多汉服爱好者望而却步。但是简单款式的汉服,价格却保持在300元以下,可以丰富我们的产品线并增加销量。[R10]

- 市场销量

设计师在制定服装款式时会考虑市场销售数据和收益情况。他们会根据市场销售情况来调整设计,以确保最有利于销量的服装款式。这是因为服装行业的生产成本较高,若一个款式选取不当,可能会导致大量库存积压,从而带来昂贵的成本负担。[R15]

6. 中国风格服装设计创新路径

根据访谈资料和二手资料的备忘录的概念化和范畴化的结果,"中国风格服装设计创新路径"被整合为主范畴。范畴是"服装设计创新的重要性"和"服装设计创新路径",并且产生了8个概念。研究者将每个概念和范畴的导出依据以文本的形式进行了整理。

6.1　服装设计创新的重要性

6.1.1　树立有中国特质的服装品牌形象

独特的设计风格和不可替代的设计能力是打造知名品牌的关键，为品牌赋予了更多的可能性。通过突出中国风格设计，可以传承和弘扬中国传统文化，展现其独特魅力和风貌。同时，注重中国风格的设计和制作也能够提升中国品牌在市场中的地位和竞争力，使其在国际舞台上更具认知度和影响力。[R07]

6.1.2　提升文化素养和设计创新力

服装设计中融入传统文化元素，可以展示对于传统文化的尊重和传承。这种文化融合和传承不仅可以带动服装产业的发展，更重要的是可以传递文化的价值观和精神内涵，提升消费者的文化品位和审美修养。[R20]

6.1.3　提高中国服装设计的国际影响力

服装实际上是一种符号。服装设计应与当代产业需求以及大众生活方式相融合，以为中国传统服饰文化注入持久发展的活力，并增添民族文化的深厚底蕴。这样的融合将推动服装产业的转型和升级，提升中国服装设计在全球价值链中的地位。[R01]

6.1.4　促进中华优秀传统文化的可持续发展

中国风格服装设计可以促进传统文化的活态传承和创新性发展，比如，以汉服文化为例，在其活态传承与创新发展的进程中，需要深入挖掘其文化基因，并积极鼓励社会民众的积极参与，从而提升大众对汉服的广泛认同度。[R23]

6.2　服装设计的创新路径

6.2.1　技术创新

● 数字化服装设计

在中国风格时尚创新设计中，技术创新至关重要，比如 3D 数码打印、热转印、CLO3D，以及人工智能中的自然语言、图像识别、智能交互等技术。通过技术创新，可以提升传统服装的工艺水平和品质，使其更加符合现代审美要求。同时，技术创新也可以为服装注入更多创意和个性化元素，满足消费者的多样化需求。通过引入新的材料和生产工艺，可以打破传统的设计模式，推动中国风格服装的时尚化和国际化。技术创新也有助于提升设计师的设计能力和创作空间，激发更多优秀设计师的参与，推动中国风格服装的不断创新和发展。[R21]

- 多学科交叉融合

在技术方面，可以实现多学科研究的交叉融合，将人机工程学、交互设计、感性工学、心理学等领域的研究方法运用于非物质文化遗产的保护与传承领域。通过将这些学科的理论和方法与非物质文化遗产进行融合，实现中国风格服装的智能化表现。[R20]

6.2.2 提升原创力与品质

- 提升服装设计的原创力

随着大众购买服装个性化需求的不断提高，消费者对服装的追求已经超越实用和美观的层面，更加关注设计的创新能力。设计者需要探索融合时代潮流和文化元素的方法，以充分发挥原创设计的威力，扩展品牌文化的内涵。这样的实践将艺术与想象力紧密结合，打造出独特的中国服装设计风格。[R22]

- 确保服装产品的质量

品牌应当在设计、生产、营销等关键环节建立质量控制体系，以促进品牌的高质量发展。只有不断满足消费者对高品质服装的需求，品牌才能获得消费者的长期信任和支持。[R03]

6.2.3 可持续发展理念

- 环保理念与服装设计相结合

通过多层次、多方式和多角度的方法，加大对环保理念的宣传普及力度，并将其运用于服装设计过程中。这将推动环保理念在服装设计的构思阶段便产生影响，并制定相应的市场容纳机制，以实现环保理念与服装设计的融合运用。[R08]

- 可持续发展的服装生态体系

品牌应当注重人与自然的和谐共生关系，建立商业道德规范，以维护环境和自然资源的有限性，在满足自身产品需求的同时，还可以促进可持续发展的

服装生态体系的构建。[R21]

6.2.4 助力乡村振兴和文化扶贫

- 挖掘和保护乡村地区的非物质文化遗产

挖掘和保护乡村地区的非物质文化遗产，推动传统手工艺的传承和发展。通过将乡村地区的传统纺织、缝制等工艺技术与现代时尚元素相结合，设计出具有独特中国风格和市场需求的服装作品，不仅能够为乡村手工业提供新的发展机遇，还有助于培养年轻一代对传统工艺的兴趣和认同，推动非物质文化遗产的传承。[R09]

- 激发乡村地区的创业和就业活力

通过组织培训和技术指导，引导当地居民从事服饰手工艺创作、制作和销售等相关产业，为乡村地区创造更多的就业机会和创业机会，提高居民的收入水平和生活质量。[R24]

第二节 主轴式编码：基于范式模型的范畴分析

编码的第二步是进行主轴式编码。主轴式编码作为编码流程中的关键环节，融合了归纳与演绎的深邃思维，其过程深植于范式模型之中，揭露各类范畴及其相互之间的联系。①在这一过程中，每个范畴均被视为整体范式不可分割的组成部分，而整体范式则由"因果条件""中心现象""脉络条件""中介条件""行动/互动策略"以及"结果"这六大要素共同构成。在数据的深度挖掘中，那些自开放式编码中涌现的范畴将被巧妙地嵌入这一整体范式的各个组成部分。主轴式编码是进一步提炼和深化主要范畴的方法，其核心任务是不断丰富我们对现象结构的理解，增进其精确度。因此，在主轴式编码的分析过程中，我们通过审视导致现象产生的条件、现象所处的具体背景、行动者在

---

① Strauss A L, Corbin J. Basics of qualitative research: Grounded theory procedures and techniques [M]. Newbury Park, CA: Sage, 1990: 74.

现象中所采取的策略以及这些策略所诱发的结果，细致地勾勒出现象的结构和过程之间的逻辑链条。在收集材料的推理过程中，我们不断地往返于对现象本质的假设与材料之间，运用了"归纳与演绎之间的移动"的分析策略。这种策略受到 Strauss（1987）关于主轴式编码洞见的启发，认为我们在编码过程中应当关注以下要点：首先，深入探究各范畴的属性和维度；其次，识别并研究能够与中心现象建立联系的因果条件、脉络条件、中介条件、行动/互动策略以及结果；最后，在丰富的材料中寻找并确认相互之间存在潜在联系的主范畴、并对范畴间的关系进行适当的陈述，以实现主范畴与范畴之间的有效联结。

一、结构分析

在主轴式编码阶段，需要对范畴之间的关系进行详细解释。①这一过程触及对现象的因果条件、脉络条件、中介条件、行动/互动策略以及结果的深度分析。正如前文所述，我们可借助因果条件、中心现象、脉络条件、中介条件、行动/互动策略和结果这六要素，对现象的结构进行全面的解析。Strauss（1987）提出的主轴式编码有两个核心要点：首先，对各范畴的属性和维度进行细致的剖析；其次，探究那些能使现象得以确立的各种条件、行动/互动策略和结果。通过此分析路径能够更深入地理解现象的本质，描绘出其结构与过程的逻辑网络，从而使我们对研究对象的认识达到一个新的高度。

（一）因果条件

因果条件构成了对现象产生或进化的动因的深入剖析，为我们理解特定现象的起源提供了根本性的解释。在本次研究中，我们确定了将"中国风格服装

---

① Uwe Flick. 扎根理论 DOING GROUNDED THEORY［M］. 项继发，译. 上海：格致出版社，2021：63.

设计的认知转变"作为主要范畴，并将其视为驱动变化的因果条件。该主范畴的属性是"程度"，维度是"高和低"。表3-5表明了与该范畴相关的各子范畴的属性和维度的信息。

表 3-5 　　　　　　　　　　　　　因果条件的属性和维度

主范畴		范畴	属性	维度
因果关系	中国风格服装设计的认知转变	认知的变化	程度	高—低
		激发的级联效应	强度	强化—弱化
		主范畴（因果条件）	程度	高—低

该主范畴由两个范畴组成，即对"认知的变化"和"激发的级联效应"的认知转变。这两个范畴是引起中国风格服装设计驱动力产生的背景条件。在本研究中，构成"中国风格服装设计的认知转变"主范畴下的各个范畴的概念摘要如图3-1所示。

在中国的服装设计领域，随着"新时代社会文化现象""民族精神和民族情感的表达""全新审美形态与审美体验"这三个层面的认知出现转变，对中国风格服装的发展产生了深远的影响。在新时代，社会经济的飞速发展和文化多元性的增强，为中国风格服装的设计定位和创新路径带来了前所未有的挑战与机遇。设计师们开始更加注重在作品中融入民族精神和情感的表达，深挖中国传统文化的深厚底蕴，以此拓宽中国风格时尚的边界和深度。同时，对于创新审美形态的追求，激励着设计师们不断注入新颖的元素和时尚潮流，以迎合现代消费者的多元化和个性化需求。

此外，随着"提升国家形象和软实力""创造经济效应""创造社会效应""创造环境效应"这四种级联效应的深化，中国风格服装设计的认知转变范围不断扩大。提升国家形象和文化软实力意味着中国风格服装设计应承载独特的文化标识和象征，传递中国的价值观和品牌形象。创造经济效应则要求中国风格服装设计能够带动相关产业链的发展，促进经济增长和提升就业机会。创造

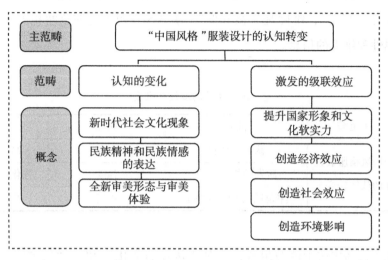

图 3-1　中国风格服装设计的认知转变的范畴化

社会效应和环境效应则强调中国风格服装设计在社会和环境可持续发展方面的积极影响，如推动可持续时尚、社会责任服装等的发展。

（二）中心现象

中心现象是在探讨个体所遭遇的问题和情境时，涉及对"发生了何事？"这一问题的深入思考。范畴化过程使我们可以对具体事件进行系统的理解与阐释。通过分析，我们发现"中国风格服装设计的驱动力"这一主范畴属于中心现象，该范畴的属性是"程度"，维度为"促进"和"抑制"。表 3-6 提供了与该主范畴相关的各个范畴的属性和维度的信息。

表 3-6　　　　　　　　　　中心现象的属性和维度

	主范畴	范畴	属性	维度
中心现象	中国风格服装设计的驱动力	以文化为导向的服装设计	程度	高—低
		以人为中心的服装设计	强度	高—低
		主范畴（中心现象）	程度	促进—抑进

在该主范畴中，包含两个范畴：一是"文化导向的服装设计"，二是"以人为中心的服装设计"。受到各种条件和行动/互动策略的影响，中国风格服装设计的驱动力得以促进或抑制。该范畴中"驱动力"一词源自 S. C. Jenkyn-Jones 对时装设计在全球纺织业和持续增长的零售市场之间的动态关系中的作用的分析。①在本书中，中国风格服装设计的驱动力涵盖多个方面，包括文化、创造力、设计师、品牌、实践、可持续、市场、媒体、偏好、数字化技术、个性化等。该主范畴的各个范畴的概念摘要如图 3-2 所示。

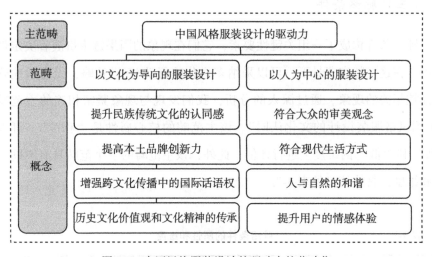

图 3-2　中国风格服装设计的驱动力的范畴化

"以文化为导向的服装设计"趋势，凸显了对于民族文化认同感的提升、跨文化传播中本土话语权的促进、历史文化传承价值的重视，以及本土品牌创新能力的提升。此种设计理念致力于维护与传承民族文化特色与社会主义核心价值观，推动不同文化之间的交流与理解，确保本土文化在国际舞台上获得充

① Jenkyn-JonesS C. Fashion Design：The Dynamics of Textiles in Advancing Cultural Memes［J］. Textile Design，2011：232-262.

分的认可，进而激发本土品牌的创新与发展。

"以人为中心的服装设计"理念，促使设计师更加注重用户的需求和感受，使得服饰的功能性和风格与当代生活方式完美融合，从而使人们在穿着过程中能够更好地认同和欣赏服装的美学价值。同时，这种设计趋势也强调了可持续发展和环保意识的重要性，倡导在满足人类审美与生活需求的同时，应当考虑对环境的保护和对资源的合理利用，以此实现人类与自然的和谐共生，推动服装设计领域的可持续发展。

(三) 脉络条件

脉络条件构成了一组关键性要素，它们在现象的因果链中扮演着决定性的作用。在这一特定背景下，可以采纳多样化的行动/互动策略，以有效地管理与操控相关的现象。通过深入的分析，我们发现与现象紧密相连的主范畴是"中国风格服装设计的文化认同"。该主范畴的核心属性是"程度"，可以在"高"和"低"的维度上进行评估。此外，该主范畴的三个范畴具有不同的属性和维度，具体信息见表3-7。

表 3-7　　　　　　　　　脉络条件的属性和维度

主范畴		范畴	属性	维度
脉络条件	中国风格服装设计的文化认同	综合性文化演变	强度	强化—弱化
		社会认同	程度	高—低
		文化自信	程度	高—低
		主范畴（脉络条件）	程度	高—低

主范畴"中国风格服装设计的文化认同"由三个子范畴构成，分别是"综合性演变""社会认同"以及"文化自信"。"中国风格服装设计的文化认同"是一个抽象的概念，其本身并不易于直接观察，然而，它却通过具体可见

的形式得以体现。这种文化认同根植于民族文化与国家文化的深厚积淀，并展现出长期的稳定性与同质性。因此，它不仅映射了一个时代的情感色彩，对于倡导文化多元性和感性多元的国家来说，更是对设计赋予一种认同感，它能够触动所有人的情感共鸣。在本研究中，构成该主范畴的各个范畴的概念如图3-3所示。

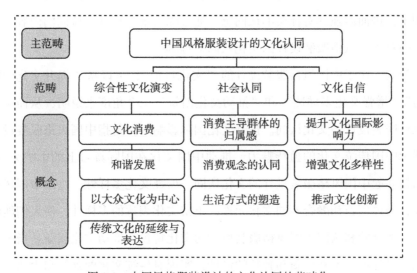

图 3-3 中国风格服装设计的文化认同的范畴化

首先，通过对中国风格服装设计的"综合性文化演变"进行分析，可以得出中国风格服装设计的文化认同的内容。"文化消费""和谐发展""以大众文化为中心"以及"传统文化的延续与表达"这四种文化变革方式，塑造了独特的文化认同。这种文化认同在中国风格服装设计中体现出对传统文化的尊重和传承，并体现了民族认同和归属感。通过融入丰富的文化元素，表达对传统文化的敬仰，从而树立起中国风格服装设计的文化认同。

其次，对于中国风格服装设计的"社会认同"，可以从"消费主导群体的归属感""消费观念的认同"以及"生活方式的塑造"三个方面来进行分析，以进一步加深对中国风格服装设计的文化认同的认识。消费主导群体的归属感是指消费者对中国风格服装设计的认同度。消费者选择购买这类服装，展示个人的文化认同和价值观念来获得更强的社会认同。消费观念的认同是消费者与中国风格服装设计所体现的价值观念和审美观念的契合程度，他们更倾向于选择这类设计来表达自身的时尚态度和文化认同。生活方式的塑造是通过中国风格服装设计打造出一种特定的生活方式，从而影响到消费者的行为、习惯和社交圈子，进而增强其对社会的认同感。通过深入地分析社会认同的内容，进一步加强对中国风格服装设计的文化认同的理解。

最后，对于中国风格服装设计的"文化自信"，可以从"提升文化国际影响力""增强文化多样性"和"推动文化创新"三个角度来说明，从而确立中国风格服装设计的文化认同。提升文化国际影响力，是指中国风格服装设计通过展示中国传统文化的独特魅力，推动中国文化在国际舞台上的影响力提升，从而树立起中国风格服装设计的文化认同。增强文化多样性，是指中国风格服装设计通过创新和融合不同文化元素，丰富文化表达的多样性，使人们能够更加深入地体验和认同中国风格服装设计的文化特色。推动文化创新是指中国风格服装设计通过不断创新和独特的设计，实现对传统文化的延续和表达，展示出文化认同的自信和独特性。通过深入地分析文化自信的内容，进一步确立中国风格服装设计的文化认同。

（四）中介条件

中介条件，是指普遍而抽象的因素在决策者解决复杂问题时，对所采纳的策略产生的影响。通过分析，我们可以将"中国风格服装设计的影响因素"归纳为中介条件的范畴。这一范畴的属性是"程度"，而维度则是"促进和抑制"。在该主范畴中，可以进一步将其细分为五个具体的范畴，并分析它们的属性和维度，以更好地理解其对中国风格服装设计的影响。该主范畴的五个范畴的属性和维度信息见表3-8。

表 3-8 　　　　　　　　　　　　中介条件的属性和维度

主范畴		范畴	属性	维度
中介条件	中国风格服装设计的影响因素	社会文化	程度	高—低
		艺术审美	程度	高—低
		市场价值	程度	高—低
		心理满意	态度	积极—消极
		可持续性	程度	促进—抑制
		主范畴（中介条件）	程度	促进—抑制

构成该主范畴的 5 个范畴为"社会文化""艺术审美""市场价值""心理满意""可持续性"。在本书中，构成"中国风格服装设计的影响因素"主范畴的各个范畴的概念摘要如图 3-4 所示。

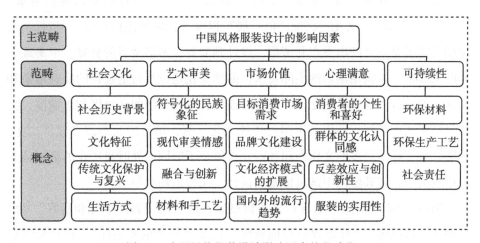

图 3-4　中国风格服装设计影响因素的范畴化

第一，"社会文化"范畴的内容由四个概念构成，即"社会历史背景""文化特征""传统文化保护与复兴"以及"生活方式"。社会历史背景为服装设计提供了重要的参考和灵感，反映了时代的变迁与社会的发展，决定了人们对服装的需求和审美观念。文化特征是中国风格服装设计的核心，它承载着民族精神和文化的独特性，体现了对中国传统文化的尊重和传承。传统文化保护与复兴使得传统元素得以注入中国风格服装设计，丰富了设计的内涵和魅力。新时代生活方式反映了现代人的生活态度、价值观和审美追求，决定了设计师对色彩、款式和材质的选择。

第二，"艺术审美"由四个概念构成，包括"符号化的民族象征""现代审美情感""融合与创新"以及"材料和手工艺"。符号化的民族象征是通过融合现代审美情感和创新元素，运用具有特殊民族象征意义的图案、颜色和图腾等元素，将传统元素与现代审美情感相结合，创造出独特的服装样式。优质的材料和精湛的手工艺技巧能够增强服装的质感和艺术价值，并为服装设计赋予更多的创造力和表现力。通过融合与创新的手法，中国风格服装设计既传承了中华民族的历史文化，又适应了现代社会的审美需求。

第三，"市场价值"涵盖了四个关键概念，即"目标消费市场的需求""品牌文化建设""文化经济模式的扩展"以及"国内外流行趋势"。目标消费市场的需求是设计的出发点和依据。设计师需要了解消费者的喜好、审美观念和购买习惯，以满足他们的实际需求。品牌文化建设指打造独特的品牌形象和文化，使品牌与消费者建立深厚的情感连接，提高品牌的认可度和忠诚度。文化经济模式的扩展指运用新中国的传统文化元素，结合时尚潮流和经济产业，为服装设计赋予更多的文化内涵和商业价值。了解国内外时尚产业的最新动态和市场需求，将其融入中国风格服装设计，保持市场竞争力。

第四，"心理满意"包含四个关键概念，即"消费者的个性和喜好""群体的文化认同感""反差效应与创新性"以及"服装的实用性"。设计师需要根据消费者的个人偏好和风格，提供符合他们需求的服装。同时，通过运用中国的传统文化元素，创造具有独特民族特色的服装，引起消费者的情感共鸣，提高他们对中国风格服装的认同感。此外，通过反差效应与创新性，实现中国传统元素和现代时尚元素之间的对比和平衡，营造独特的视觉冲击力，吸引消费者的注意力。提高服装的舒适度、耐用性和功能性，以保证消费者在日常生活中能够方便、自信地穿着服装。

第五，"可持续性"的内容由四个关键概念构成，包括"环保材料""环保生产工艺""新技术的应用"和"社会责任"。选择和使用环保材料是实践社会责任的一种表现，它可以有效减少对环境的负面影响，并推进可持续发展。运用环保生产工艺可以减少对环境的污染，节约资源的同时提高效率。新技术的应用可以改善设计和生产过程中面临的环境问题，并带来更有创意的设计和制造方式。秉承社会责任意味着企业应该以可持续发展方式经营，并考虑社会和环境的利益，这需要从材料选择、生产过程到销售和售后服务等方面进行综合考虑。在中国风格服装设计中，环保材料、环保生产工艺、新技术的应用以及社会责任是相互关联的，它们共同构成了一种可持续发展的设计理念。

（五）行动/互动策略

行动/互动策略是针对特定现象采取的实际行动措施，包括个体为应对现象而采取的战略、日常行为以及对现象展开的讨论和审查。研究者通过分析发现，主范畴"中国风格服装设计方法"被认为是推动中心现象"中国风格服装设计的驱动力"所采用的行动/互动策略。在该主范畴中，属性的核心概念是"程度"，而维度则是"高"和"低"。各范畴的属性和维度信息详见表3-9。

表3-9　　　　　　　　　行动/互动策略的属性和维度

	主范畴	范畴	属性	维度
行动／互动策略	中国风格服装设计方法	选择文化元素	程度	高—低
		收集设计资讯	强度	强化—弱化
		服装设计要素	程度	高—低
		创意服装设计	强度	强化—弱化
		主范畴（行动/互动策略）	程度	高—低

构成主范畴"中国风格服装设计方法"的范畴是"选择文化元素""收集设计资讯""服装设计要素""创意服装设计"。在本书中，构成该主范畴的各个范畴的概念摘要如图 3-5 所示。

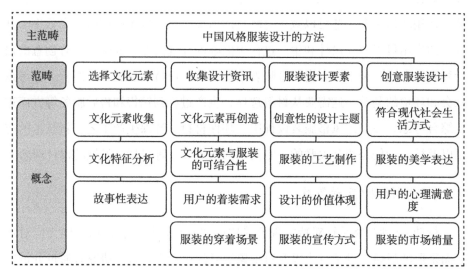

图 3-5　中国风格服装设计方法的范畴化

第一，在范畴"选择文化元素"中，包含"文化元素收集""文化特征分析""故事性表达"三个概念。文化元素收集是通过对中国传统文化的深入研究和调查，获取各种与中国风格相关的元素，比如传统服饰、图案、符号等。通过文化特征分析，深入了解这些元素的历史、含义和象征，把握它们在中国风格服装设计中的适用性和表达方式。通过服装的形状、材质、细节等方面展现中国风格特色，并将其融入一个富有故事性和情感的视觉呈现。

第二，范畴"收集设计资讯"中，包含"文化元素再创造""文化元素与服装的可结合性""用户的着装需求""服装的穿着场景"四个概念。将中国传统文化中的元素进行创新和提炼，使其与现代服装设计相结合，以创造出独特的中国风格时尚。随后，将新的文化元素与服装的材质、款式、剪裁等要素相结合，使其能够自然而然地融入服装设计，形成有机的整体。此外，根据不同用户的需求和喜好,将文化元素与个性化的设计相结合,以满足用户在穿着时的舒适感和个性展示的需求。根据不同的场景特点,使文化元素与服装的设计相匹配,以实现服装在不同场景下的完美呈现。

第三,在范畴"服装设计要素"中,包含"创意性的设计主题""服装的工艺制作""设计的价值体现""服装的宣传方式"四个概念。创意性的设计主题可以反映设计者对于时代精神和文化内涵的理解和创造,塑造服装的整体风格和氛围。服装的工艺制作是实现设计主题和理念的重要手段,工艺的选择和运用能够影响服装的质感、色彩和细节表现,使服装更加具有独特的个性和艺术感。设计的价值体现在能否打造出具有独特设计语言和创作理念的服装作品,体现设计者对于时尚、文化、历史等方面的独到见解和深度思考,从而为服装注入更高的艺术和文化价值。服装的宣传方式是将设计作品传递给目标受众的重要手段,通过巧妙的宣传方式和渠道,能够更好地展示服装的独特之处,吸引受众的关注和认可,从而提升服装设计的品牌价值和影响力。

第四,在范畴"创意服装设计"中,包含"符合现代社会生活方式""服装的美学表达""用户的心理满意度""服装的市场销量"四个概念。服装设计应紧跟时代潮流和人们的生活需求,将社会文化元素融入设计,使服装与时代紧密联系。通过独特的审美观点和设计理念来展现服装的美丽、创意和独特性,使人们对服装产生情感共鸣和美感的追求。设计服装时需考虑用户的心理需求、体验感受和舒适度,以设计出合适、舒适、适应不同场合的服装,让用户感到愉悦和满足。通过合理定位、准确把握市场需求和流行趋势,以及恰当的市场推广和营销策略,使设计的服装在市场上受到消费者的欢迎和认可,从而实现销售的成功。

(六) 结果

对上述五个主范畴之间的关系进行分析可以得出,结果是"中国风格服装设计创新"。研究者分析认为,主范畴"中国风格服装设计创新"的属性是"程度",维度是"促进和抑制"。构成该主范畴的子范畴的概念摘要见表3-10。

表 3-10 结果的属性和维度

	主范畴	范畴	属性	维度
结果	中国风格服装设计创新	服装设计创新的重要性	强度	强化—弱化
		服装设计的创新路径	程度	高—低
		主范畴（结果）	程度	促进—抑制

该主范畴由"服装设计创新的重要性"与"服装设计的创新路径"两个范畴构成。在本研究中，构成"中国风格服装设计创新"主范畴的各个范畴的概念摘要如图 3-6 所示。

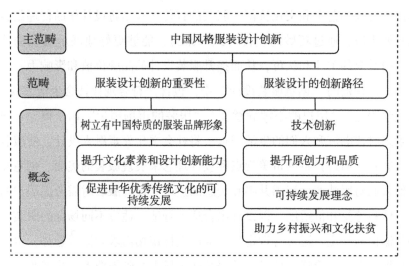

图 3-6　中国风格服装设计创新的范畴化

二、关系分析

根据已经推导出的范畴的属性和维度，可以建立关于中国风格服装设计的范式模型。根据 Strauss 提出的主轴式编码过程中需要注意的三个事项中的第三点，即在资料分析中寻找主范畴之间可能存在的相互关系，并进行关系陈述，以联结主范畴与相关范畴。通过范式模型，我们得以对中国风格服装设计各范畴之间的内在联系进行更深入的理解。

首先，因果条件"中国风格服装设计的认知转变"的程度的高低，对抑制或促进中心现象"中国风格服装设计的驱动力"产生影响，即"中国风格服装设计的认知转变"的程度直接影响中心现象"中国风格服装设计的驱动力"的发展。认知转变的程度越高，越能激发设计的驱动力，从而促进中国风格服装设计创新的发展。

其次，脉络条件"中国风格服装设计的文化认同"被视为促进中心现象"中国风格服装设计的驱动力"的背景。脉络条件在这个过程中起到重要作用，它是由行动/互动策略"中国风格服装设计方法"的影响所导致的特殊条件的集合。换言之，文化认同作为一种基于社会情境的建构，在促进中国风格服装设计的驱动力方面起到重要作用，并与其建立前后关系。同时，受到"中国风格服装设计方法"的影响，在文化认同感方面，会产生不同程度的反应。

再次，根据中介条件"中国风格服装设计的影响因素"的程度，可以建立一个广泛的结构关系，以描述从因果条件"中国风格服装设计的认知转变"到行动/互动策略"中国风格服装设计方法"的关系。换句话说，"中国风格服装设计的影响因素"的促进或抑制作用与"中国风格服装设计的认知转变""中国风格服装设计方法"和结果的导出之间存在密切的关系。

最后，根据行动/互动策略"中国风格服装设计方法"的程度，可以将现象引向预期的方向。换句话说，在"中国风格服装设计方法"与脉络条件"中国风格服装设计的文化认同"以及中介条件"中国风格服装设计的影响因素"之间建立一种关系，以促进中心现象"中国风格服装设计的驱动力"和结果"中国风格服装设计创新"的程度。

综上所述，所有现象均围绕中心现象"中国风格服装设计的驱动力"相互联系和影响，共同作用于"中国风格服装设计创新"的程度。基于此，本书推导出一个范式模型，用以描绘"中国风格服装设计创新"的过程与结构，如图3-7所示。

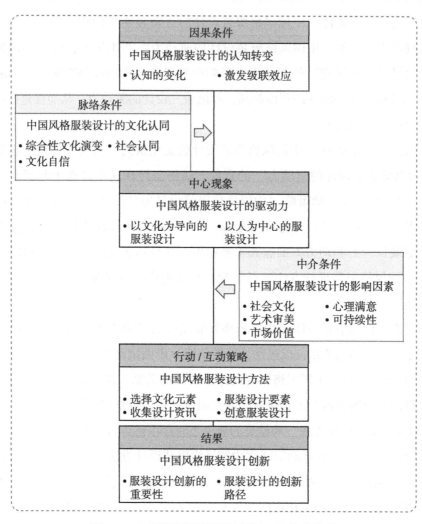

图 3-7 "中国风格服装设计创新"的范式模型

第三节 选择性编码：与核心范畴的假设关系

选择性编码，作为编码流程中的第三阶段，其目的是在与其他范畴进行比较的过程中，进一步详细地发展和整合主轴式编码，并聚焦于潜在的核心概念和核心变量。①在这一过程中，我们致力于将主轴式编码阶段浮现的理论构念进行系统性整合，以构建理论框架。

理论构建的首要步骤是从资料中提炼出核心范畴，通过故事线分析方法将核心范畴与其他范畴建立联系。为了构筑一个更精细的理论框架，我们可以借助范式模型，确定核心范畴与范畴之间的假设性关系，通过对假设性关系的表述对案例进行类型化处理，并分析其特定属性和维度。最后，通过情境模型实现对整个理论的整合。此过程的关键在于使用归纳法探究材料中的概念、属性和维度，同时运用演绎法建立概念间的相互关系的假设。这两种方法在相互作用和迭代中，相互促进，共同提升范畴、属性和假说的合理性与抽象性。本研究采纳假说驱动的研究立场，通过持续的比较分析，不断提升理论范畴和假设的合理性。

一、核心范畴

核心范畴作为研究问题之核心主题的体现，揭示了其他范畴围绕其中心结合的规律。②核心范畴需对现有范畴之间可能的转变进行全面解释，在确定核心范畴时，我们应遵循六个严格的标准。第一，所选范畴必须与核心范畴形成密切的关联性。第二，核心范畴应在数据中具有高频率的出现。第三，对连接范畴及其持续演变过程的描述，应展现出内在的逻辑性与一致性。第四，对核心范畴的命名需具备一定的抽象性，能够超越当前领域，适用于其他实质性研究领域，从而促进一般性理论的构建与发展。第五，随着核心范畴概念与其他概念的融合，分析逐步深化，以增强理论的深度和解释力度。第六，所选范畴应能解释现象的变化本质，而不仅仅是数据的表面信息。

基于上述关于核心范畴的选择标准，将"中国风格服装设计的创作过程"

① Uwe Flick. 扎根理论 DOING GROUNDED THEORY ［M］. 项继发，译. 上海：格致出版社，2021：64.

② Strauss A L, Corbin J. Basics of Qualitative Research: Techniques and Procedures for Developing Ground Theory ［M］. Thousand Oaks, California：Sage Publications, Inc, 1998：146-147.

作为核心范畴。分析表明，此核心范畴的特征在于其"程度"属性，其维度则在"强化与弱化"之间展开。

二、故事线

故事线作为一种理论整合策略，通过系统联系核心范畴与其他范畴，确立它们之间的相互关联，并追踪那些需被整理与发展的范畴的演变过程。为了探寻故事线，我们可以遵循范式模型的结构，依次描述其构成要素间的相互作用，即依照因果条件、脉络条件、中介条件、行动/互动策略、结果这五个构成要素的顺序，进行详尽的阐述。根据所收集的资料，明确"中国风格服装设计的创作过程"作为"中国风格服装设计创新"的核心范畴，居于理论研究的中心地位。

（一）导出的依据：资料中的核心范畴

在本节中，将核心范畴"中国风格服装设计的创作过程"的导出依据以文本的形式进行了整理。这些依据来自一手访谈资料和二手文本资料。以下文本依据将对"中国风格服装设计的创作过程"的重要性进行详细阐明。

中国风格的流行可以视为人们对传统文化的热爱和对民族文化认同的一种表达。服装作为文化认同的标志性载体，具有直接穿戴在身上的特性，使人们能够亲身体验和感受民族文化的真切性。[R06]

中国人对于本国文化的关注度逐渐增加，在一些国际会议中，如上海峰会，国家领导人、知名设计师和明星穿着具有中国民族文化元素的服装，如"唐装""旗袍装"，使得这类服装再次成为世界时尚舞台关注的焦点。[R17]

中国政府通过颁布一系列文化政策和法规以推广和传承中国传统文化。从社会角度来看，中国风格服装设计能够触发年轻人的爱国情感共鸣，同时也能够展现中国民族的文化自信。[R24]

超过八成的受访者对当前的国货质量表示信任，伴随经济发展及文化自信的觉醒，国潮经济正在快速增长。截至 2020 年年底，中国汉服爱好者超过 500 万人，汉服市场销售规模达 60 亿元。[2020—2021 年中国国潮经济发展专题研究报告，2021]

在服装设计过程中，首先需要提出一个设计概念或提案，该是设计师的基本职责。特定的设计理念可能被视为创新。在绘制设计概念时，我们会设定一些标准，如满足客户或时尚公司所规定的要求、技术或生产的限制，以及我们设计师的审美价值观。[R05]

在中国传统风格的服装设计中，巧妙地融入文化元素不仅能够满足设计师的审美追求，还能够有效传达和丰富服装的历史文化内涵。[R28]

当下中国风格服装设计应该融合传承与创新的设计理念，通过考察服装的材料、款式、工艺和装饰等外在特征，以及文化艺术内涵，来欣赏服装并感受中国民族服装所独具的魅力，以提升对服装审美的能力，进而丰富生活情趣。[R02]

以传统文化元素为灵感的服装设计需要准确体现品牌的个性与风格。在整个服装概念设计过程中，选择与文化相关的设计主题至关重要，它能够显著提升产品的市场价值。因此，需要仔细考虑如何将传统文化元素与设计过程进行有效融合。[R04]

新国风服装设计是通过纺织品或服装等媒介，将当代中国民族的文化自信表达出来。这种时尚风潮不仅有助于社会大众对中国传统文化的认可与重视，通过非物质文化遗产技艺的保护和再生，还能推动传统文化的传承与传播。[R22]

当前，喜欢国风服装设计的消费者大多追求独特的文化认同感，他们在选择服装时常常受到从众心理的驱使，认为只有得到群体的认同才能获得安全感。为此，设计师可以将新颖的设计元素与传统元素相结合，以创造与当代审美相契合的创新性设计。[R21]

中国风格时尚作为一种新时代背景下的生活方式，展现了年轻一代的生活品位、思想观念和情感态度。当前的消费群体主要由年轻潮流追随者组成，他们个性鲜明、充满活力，并容易受到时尚流行趋势的影响。这些消费者倾向于购买本土产品，从本质上来看，他们是对国家传统文化的钟爱者。[R20]

(二) 故事线阐述

通过对相关资料的分析，核心范畴"中国风格服装设计的创作过程"的相关故事通过文本形式详尽呈现。研究表明，中国风格服装设计的创作过程的形成，并非由单一因素单独作用，而是一个涉及多个层面、全面且系统化的设计流程。该流程受到社会、环境、审美、心理及市场等多重因素的共同影响。众多资料共同强调了传统文化在这一设计过程中不可替代的重要性，一方面，扩展了服装设计的边界，赋予了服装更深层次的文化与经济价值；另一方面，通过将传统文化以更时尚、个性化的方式呈现，促进了对中华优秀传统文化的重新认识和价值重估。本书进一步提出"中国风格服装设计方法"的行动/互动策略，以促进核心范畴"中国风格服装设计的创作过程"的发展。通过审视核心范畴与其他范畴之间的关联，可以进一步揭示其重要性。

首先，核心范畴与因果条件"中国风格服装设计的认知转变"之间存在紧密联系。例如，因果条件中的"激发的级联效应"强调了促进中华优秀传统文化的可持续发展的必要性，与中心现象中的"人与自然的和谐"概念相呼应，并在设计过程中需给予充分关注。此外，因果条件对结果产生显著影响，如"中国风格服装设计的创作过程"能够引发社会效应和经济效应，从而增强公众对民族文化的关注。

其次，中介条件"中国风格服装设计的影响因素"源于因果条件"中国风格服装设计的认知转变"。"中国风格服装设计的影响因素"包含社会、审美、市场、心理、可持续等多个维度，对"中国风格服装设计的认知转变"

产生积极或消极影响。多元的影响因素会对中国风格服装设计的创作过程产生深刻影响。例如，在"艺术审美"范畴中，符号化的民族象征、现代审美情感、融合与创新，以及材料和手工艺等方面，均会在设计过程的各个阶段发挥作用。此外，根据"中国风格服装设计的认知转变"的属性程度，即"全新的审美形态与审美体验"，"中国风格服装设计的创作过程"的稳定程度也会不同。在不同的认知背景下，服装设计过程的构成要素存在差异。例如，在认知背景为"全新的审美形态与审美体验"的情况下，设计过程应强调用户体验。一旦"中国风格服装设计的认知转变"启动，通过选择文化元素、收集服装设计资讯、确定服装设计要素和进行创意服装设计四个维度，研究行动/互动策略"中国风格服装设计方法"。

再次，脉络条件"中国风格服装设计的文化认同"的加强或减弱会导致核心范畴的变化。这种可能变化可以通过脉络条件"中国风格服装设计的文化认同"中的范畴来解释。例如，在"社会认同"范畴中，我们可以了解社会价值观表达、社交互动和共同体感觉等因素如何直接影响设计过程中的灵感收集。此外，相关资料表明，为了应对"综合性文化演变"，如时代、消费主导群体、消费观念、生活方式等的变化，有必要重新审视设计过程，以使服装设计与新时代的社会背景相适应。

最后，行动/互动策略"中国风格服装设计方法"是核心范畴"中国风格服装设计的创作过程"与其他范畴之间相互联系的必要策略。这些策略包括选择文化元素、收集服装设计资讯、确定服装设计要素和进行创意服装设计等内容，它们都对核心范畴的形成产生影响。同时，行动/互动策略也受到中介条件和因果条件的制约。例如，在收集文化元素的过程中，需要考虑"艺术审美"和"民族情感"。

通过以上描述的关系，构建了"中国风格服装设计的创作过程"的逻辑关系，这种关系具有整体性并具备较强的适用性，能够对社会发展产生积极的促进作用。

三、假设定型和关系陈述

（一）假设的定型化

根据扎根理论，假设定型是进行类型分析的初始阶段，其目的在于揭示并确立核心范畴与其他范畴之间的关系类型。① 在此过程中，溯因推理扮演了一个日益重要的角色，研究者在数据解读与分类中，可通过极具创造性的解释来获得更加可靠的理论建构。鉴于此，本研究采纳溯因推理方法，以推导出核心范畴可能发生的变化。推理过程综合考量了各范畴的属性与维度，以及条件与策略因素。

以资料的故事线为基础，我们假设定型了核心范畴"中国风格服装设计的创作过程"与因果条件"中国风格服装设计的认知转变"、脉络条件"中国风格服装设计的文化认同"、中介条件"中国风格服装设计的影响因素"、行动/互动策略"中国风格服装设计方法"四个范畴之间的关系。基于这些关系的假设定型，我们将其表述为四种类型：

类型1：当因果条件"中国风格服装设计的认知转变"程度较高，脉络条件"中国风格服装设计的文化认同"的所有范畴程度较高，以及中介条件"中国风格服装设计的影响因素"的各个范畴产生促进关系时，可以推断出基于行动/互动策略"中国风格服装设计方法"的核心范畴"中国风格服装设计的创作过程"类型。

类型2：当因果条件"中国风格服装设计的认知转变"程度较高，脉络条件"中国风格服装设计的文化认同"的各个范畴的程度降低，以及中介条件"中国风格服装设计的影响因素"的各个范畴产生抑制关系时，可以推导出基于行动/互动策略"中国风格服装设计方法"的核心范畴"中国风格服装设计

① Strauss A L, Corbin J. Basics of Qualitative Research: Grounded Theory Procedures and Techniques [M]. Newbury Park, CA: Sage, 1998: 68.

的创作过程"类型。

类型 3：当因果条件"中国风格服装设计的认知转变"程度较低，脉络条件"中国风格服装设计的文化认同"的所有范畴的程度提高，以及中介条件"中国风格服装设计的影响因素"的各个范畴产生促进关系时，可以推导出基于行动/互动策略"中国风格服装设计方法"的核心范畴"中国风格服装设计的创作过程"类型。

类型 4：当因果条件"中国风格服装设计的认知转变"程度较低，脉络条件"中国风格服装设计的文化认同"的各个范畴的程度降低，以及中介条件"中国风格服装设计的影响因素"的所有范畴产生抑制关系时，可以推导出行动/互动策略"中国风格服装设计方法"的核心范畴"中国风格服装设计的创作过程"类型。

（二）假设关系陈述

假设关系陈述是指通过对访谈资料进行分析及观察到的现象与因果条件、脉络条件、中介条件、行动/互动策略以及结果之间的关系，对这种关系与访谈资料进行持续性的比较，最终对这个过程进行陈述。①在本书中，提出了以下四种假设性关系：

陈述 1：当因果条件"中国风格服装设计的认知转变"程度提高，脉络条件"中国风格服装设计的文化认同"的各个范畴的程度或强度都会提升，中介条件"中国风格服装设计的影响因素"的各个范畴产生促进关系，行动/互动策略"中国风格服装设计方法"的程度会提高，核心范畴"中国风格服装设计的创作过程"的程度会加强。基于这些关系，将形成结果"中国风格服装设计创新"。

陈述 2：当因果条件"中国风格服装设计的认知转变"程度提高，脉络条件

① Strauss A L, Corbin J. Basics of Qualitative Research: Grounded Theory Procedures and Techniques [M]. Newbury Park, CA: Sage, 1998: 135.

"中国风格服装设计的文化认同"的各个范畴的程度或强度都会减弱，中介条件"中国风格服装设计的影响因素"的各个范畴产生抑制关系，行动/互动策略"中国风格服装设计方法"的程度会降低，核心范畴"中国风格服装设计的创作过程"的程度会减弱。基于这些关系，将形成结果"中国风格服装设计创新"。

陈述3：当因果条件"中国风格服装设计的认知转变"程度降低，脉络条件"中国风格服装设计的文化认同"的各个范畴的程度或强度都会加强，中介条件"中国风格服装设计的影响因素"的各个范畴产生促进关系，行动/互动策略"中国风格服装设计方法"的程度会提高，核心范畴"中国风格服装设计的创作过程"的程度会加强。基于这些关系，将形成结果"中国风格服装设计创新"。

陈述4：当因果条件"中国风格服装设计的认知转变"程度降低，脉络条件"中国风格服装设计的文化认同"的各个范畴的程度或强度都会减弱，中介条件"中国风格服装设计的影响因素"的各个范畴产生抑制关系，行动/互动策略"中国风格服装设计方法"的程度会降低，核心范畴"中国风格服装设计的创作过程"的程度会减弱。基于这些关系，将形成结果"中国风格服装设计创新"。

四、核心范畴类型分析

类型分析的目的在于建立理论，通过将数据的假设性分类和假设关系陈述与访谈资料进行反复比较，以对不断出现的关系在各个范畴之间进行系统化的定义。①

据以上对核心范畴的假设定型及其假设关系陈述的结果，发现脉络条件"中国风格服装设计的文化认同"和中介条件"中国风格服装设计的影响因素"的积极作用将会促进"中国风格服装设计的创作过程"的程度。此外，

---

① Anselm Strauss, Juliet Corbin. 质性研究概论 [M]. 徐国宗，编译. 台北：巨流图书公司，1997：149-153.

设计过程的程度也受到因果关系的程度的影响。因此，高程度的因果关系、脉络条件以及中介条件成为选择类型的基准之一。

在整合研究过程中，依据已有的概念来命名内容会限制研究者获得新观点的能力，因为借助已有概念来解释新研究所需整合的概念非常困难。因此，为了在整合研究过程中处理新发现的内容，可以将该内容以自己的名字来命名，并通过各个条件、行动/互动策略以及结果的属性和维度，使概念化更有创意。① 因此，本书通过探讨资料中呈现的内容以及研究者正在发现的内容的属性和维度，同时考虑中介条件"中国风格服装设计影响因素"的五个范畴，认为核心范畴"中国风格服装设计的创作过程"可以从五个视角进行归类：社会文化型、艺术审美型、市场价值型、心理满意型和可持续型。

（一）社会文化型

在全球化时代，个人生活方式和社交行为对民族服饰设计和时尚文化的现代构建产生影响。② 社会文化对服装设计具有重要作用。本书通过资料分析发现，行动/互动策略主范畴"中国风格服装设计方法"中，范畴"选择文化元素"和"收集设计资讯"包含与社会文化相关的内容。

在范畴"选择文化元素"中，强调了从外貌、制度、精神等维度对文化元素进行研究和分析，这些文化元素可以是传统纺织、印染技术、独特的艺术文化和民俗。首先，通过对文化元素的外在形象特征进行观察和描述，可以揭示其独特的外貌特点。在传统纺织方面，可以分析纺织品的图案、材质和颜色等，以及其与当地地理环境和气候条件的关联。在印染技术方面，可以研究不同地区、民族间的印染工艺和纹饰风格等。通过对外貌特征的研究，可以深入了解文化元素的视觉特征及其背后所蕴含的文化意义。其次，文化元素的发展和传承往往伴随

① Strauss A L, Corbin J. Basics of Qualitative Research: Grounded Theory Procedures and Techniques [M]. Newbury Park, CA: Sage, 1998: 155-156.

② 张贤根. 民族元素与文化认同的建构——以时尚创意为例 [M]. 北京：中国社会科学出版社，2017：196.

一系列的制度和规范。对于传统纺织工艺来说，可以研究当地传统工艺的织布方式、织布仪式和相关制度，以及传承工艺的师徒制度等。在印染技术方面，可以分析印染过程中的各个环节，以及相关的纪律和规范。通过对制度维度的研究，可以更好地理解文化元素的背景和发展，以及其在社会中的地位和作用。再次，文化元素的背后往往蕴含着独特的精神内涵和价值观念。在艺术文化方面，可以研究艺术作品中所传达的思想、情感和世界观等。在民俗方面，可以探究民俗活动中的信仰、仪式和习俗，以及其对社会和个体精神生活的影响。通过对精神维度的研究，可以深入了解文化元素的内在含义和文化符号的传达。最后，在"选择文化元素"范畴中，强调了文化元素还可以通过讲故事的方式表达服装情感。每个文化元素都承载着特定的意义和情感，以及其所属文化背景中的故事和传统。通过选择文化元素并将其融入服装设计，再通过讲故事的方式表达这些元素的情感，可以为服装赋予更深层次的意义。

在范畴"收集设计资讯"中，强调了将热点事件、流行符号和生活方式作为设计要素，基于剧本和故事情节，重新创造并设计文化元素，同时考虑其与中国风格服装设计相结合的可行性。首先，时尚界的流行符号往往源自社会热点事件，如电影、音乐、运动等。通过关注社会热点，收集与之相关的时尚元素，如具有象征意义的图案、标志性的颜色等，可以为服装设计带来独特的时尚信息和创新灵感。其次，生活方式反映了人们的生活态度、个性和风格。通过观察社会不同的生活方式，了解不同人群的需求和追求，可以根据不同类型的生活方式设计出符合人们需求的服装。基于剧本和故事情节重新创造并设计文化元素，具有很大的创造性和想象力。此外，通过挖掘故事中的元素，如人物形象、场景背景、符号象征等，将其融入服装设计，可以为服装赋予更深层次的意义。可以以某个历史事件或传说为背景，将其转化为服装设计灵感，通过服装来重述故事，给人以新鲜感和情感共鸣。同时，可以将传统元素与现代时尚相结合，为服装设计注入浓郁的中国元素，体现时代精神和民族自信。可以采用传统的刺绣工艺、古代建筑元素、传统服饰图案等，与现代设计理念相融合，创造出新颖而具有中国特色的服装，见表3-11。

表 3-11 社会文化型分析

行动/互动策略⇌中介条件			
主范畴	范畴	概　念	中国风格服装设计的影响因素
中国风格服装设计方法	选择文化元素	文化元素收集	具有文化传播的属性、中国人文精神和民族心理、纺织印染技术、地域特有的艺术文化和民俗	社会文化
		文化特征分析	精神意识、象征性、哲学思想	
		故事性表达	文化元素的故事性	
	收集设计资讯	文化元素再创造	探索社会文化环境、新视角	

(二) 艺术审美型

在设计过程中，对服装设计要素进行深入分析，对于探讨服装风格与美感具有重要意义。①艺术审美对服装设计具有重要作用。在本研究中，根据资料分析得出，在行动/互动策略"中国风格服装设计方法"主范畴中，范畴"选择文化元素""收集设计资讯""服装设计要素""创意服装设计"中包含了与艺术审美有关的内容。

在范畴"选择文化元素"中，强调了从服装发展的历史与美学角度，寻找具有美感的文化元素，该元素还需具有民族传统精神。服装是一种艺术表达形式，既要追求美学的感受，也要考虑服装设计的审美要求。从历史方面考虑，可以借鉴过去的服装造型、织物纹样和配饰等，使得服装设计具有复古的审美情趣，同时传承和展示文化的历史和传统。从美学角度考虑，确保选择的文化元素在视觉上具有美感，能够引起观者的共鸣和欣赏。此外，通过选择具有民族传统

① Na Y. Fashion Design Styles Recommended by Consumers' Sensibility and Emotion [J]. Human Factors and Ergonomics in Manufacturing, 2009, 19 (2): 158-167.

精神的文化元素，将传统文化与时尚相结合，以保护和传承民族文化，展示国人文化认同和归属感，有助于构建一个多元和包容的文化环境，让更多人了解和尊重民族文化。

在范畴"收集设计资讯"中，强调将文化对象的特征进行抽象化重组和数字化再现，建立与文化元素相关的信息数据库，并与现代裁剪方法和民族工艺相结合，进行创新性设计。通过将文化元素抽象化，对其特征进行系统化整理和分类，形成一种数据库的形式，方便设计师对相关信息的查找和使用。抽象化的特征可以是某种纹样、图案、色彩或者服饰造型等元素，设计师可以通过数据库的搭建和使用，快速获取所需的文化元素信息，为创新性的设计提供灵感和借鉴。此外，现代裁剪方法可以使服装具有更好的穿着感和时尚感，而民族工艺则是传统文化的重要组成部分，将二者结合可以在设计中融入传统元素和手工技艺，使得服装具有独特的民族风情和创新的设计理念。

在范畴"服装设计要素"中，考虑设计过程的关联性，运用创新性的思维方式来定义设计主题，同时，还要关注服装的制作工艺流程、价值体现和宣传方式。服装设计涉及多个要素，如图案、色彩、款式、面料等，这些要素之间需要相互搭配和协调，形成一个完整的设计。设计过程的关联性考虑了这些要素的互动和配合，使设计能够呈现统一的风格和理念。此外，通过创新，设计师可以打破传统的束缚，寻找新的灵感和视角，从而定义出不同寻常的设计主题。这样的创新性思维可以使得设计更具有吸引力和竞争力。同时，服装的制作工艺流程需要考虑材料的选择、裁剪的精确度、缝制的工艺等因素，以确保设计的实际表现符合设计意图。而在价值体现和宣传方式方面，设计师需要考虑如何用服装传递特定的价值观念，并确定适合的宣传媒体和渠道，以吸引目标受众的关注，并获得认同。

在范畴"创意服装设计"中，强调了服装外观应该体现出中国风格时尚的特征，并符合现代人的审美标准，可以使用本民族独特的工艺手法来制作服装，使其具有民族性、艺术性、意境美、新颖性、独特性。首先，通过融入中国风格时尚特征，可以传承和弘扬中国传统文化，让传统与现代相结合，丰富服装设计内涵。其次，符合现代人审美标准，满足时尚需求，吸引更多人的关注和接受。此外，使用本民族独特的工艺手法制作服装能赋予其民族性和艺术性，展示中国传统工艺美，为消费者提供独特的视觉审美体验，见表3-12。

表 3-12 艺术审美型分析

行动/互动策略⇌中介条件			
主范畴	范畴	概　念	中国风格服装设计的影响因素
中国风格服装设计方法	选择文化元素	文化元素收集	历史与美学、反映中国人文精神和民俗心理	美学表现型
		文化特征分析	显性文化符号和隐性文化符号、美学、造型特征	
	收集设计资讯	文化元素再创造	艺术审美、数字化提取、基于形式美法则的设计、建立文化元素的数字信息资料库、抽象化重组和数字化再现、民族手工艺和现代设计手法、根据着装场合对文化元素进行再创造	
		文化元素与服装的可结合性	传统文化和服装设计的融合	
	服装设计要素	创意性的设计主题	彩色服装效果图、基于理论的构思、设计思维方式、再定义、多角度分析	
		服装的工艺制作	现代裁剪方法与民族手工艺、结合服装工艺流程	
		设计的价值观	审美价值	
		服装的宣传方式	故事性	
	创意服装设计	服装的美学表达	符合现代审美标准、工艺的独特性、服饰美学	

(三) 市场价值型

利用文化元素发挥设计创意可以让产品在全球化市场中得到认同，并产生良好的销售业绩。①通过将文化元素融入服装设计，可以赋予服装独特性和个性化，从而提升其市场竞争力。在本书中，根据资料分析得出，在行动/互动策略"中国风格服装设计方法"主范畴中，范畴"收集设计资讯""服装设计要素""创意服装设计"中包含了与市场价值有关的内容，见表3-13。

表3-13 　　　　　　　　　　　市场价值型分析

行动/互动策略⇌中介条件				中国风格服装设计的影响因素
主范畴	范畴	概　　念		
中国风格服装设计方法	收集设计资讯	用户的着装需求	线上调查、线下访谈、线上和线下相结合的方法	市场价值型
		服装的穿着场景	特殊场合的服装、根据着装场合来设计、分波段进行设计	
	服装设计要素	设计的价值体现	提升服装的品牌价值	
		服装的宣传方式	网络平台推广、线上直播和线下体验	
	创意服装设计	符合现代社会生活方式	符合现代社会生活方式	
		服装的市场销量	设置阶梯价格、市场销量	

在范畴"收集设计资讯"中，强调了要关注当下国内外流行趋势，并针对目标消费者的服装消费行为进行分析，了解他们的兴趣、着装价值观、偏

---

① Yen H Y, Lin P H, Lin R. Emotional Product Design and Perceived Brand Emotion [J]. International Journal of Advances in Psychology, 2014, 3 (2): 59-66.

好，以满足特定市场的用户需求。与此同时，还考虑服装的穿着场景，根据不同场合设计服装。时尚是一个不断变化的概念，随着时间的推移和社会的发展，人们对时尚的理解和追求也会不断改变。通过关注流行趋势，可以获得最新的设计灵感和创意。同时，针对目标消费者的服装消费行为进行分析，了解他们的兴趣、着装价值观、偏好，可以更好地满足特定市场的用户需求。不同人群对于服装的需求和偏好不同，只有深入了解目标消费者，才能精确把握他们的需求，从而设计出符合消费者品位的服装，以提高市场接受度和销售业绩。此外，每个场合都有相应的着装规定和社交礼仪，人们在不同场合穿着适合的服装可以给人良好的印象，并提升整体形象和自信心。在设计服装时，考虑不同的场景，可以使产品更具多样性和适应性，满足消费者在不同场合的穿着需求，提高服装产品的市场竞争力。

在范畴"服装设计要素"中，强调新时代背景下，为提升服装品牌价值，可以采取线上和线下整合营销等多种服装营销方式。随着社会的发展和人们对品牌的要求逐渐提高，服装品牌只有不断提升自身的品牌价值，才能在市场竞争中脱颖而出。此外，线上销售渠道已经成为一个不可忽视的重要市场。通过线上营销，可以将产品推广到更广泛的受众群体，降低销售成本，提高销售效率。同时，线下实体店的存在也能够提供实物接触和购物体验，加强品牌形象的传递和与消费者的互动。通过线上线下渠道的整合，可以实现更全面的市场覆盖和销售网络，在满足消费者多样化的购物需求的同时，提高品牌的市场竞争力和发展潜力。

在范畴"创意服装设计"中，要考虑服装符合现代社会生活方式，以及对服装的市场价值进行评价，避免品牌的同质化，以提高服装产品的销量。社会在不断进步和变化，人们的生活方式、价值观和审美观也在发生变化。服装作为一种消费品，应当能够与现代社会的需求相匹配。现代社会注重个性化、多样化和舒适性，服装设计需要考虑这些需求。只有符合现代社会生活方式的服装设计才能与消费者产生共鸣，引起他们的兴趣和购买欲望。此外，在激烈的市场竞争中，许多服装品牌会推出类似的款式和设计，而这容易导致品牌同质化，让消费者难以区分和选择特定的品牌。因此，对服装的市场需求进行调研非常重要。通过深入了解消费者的需求和喜好，了解市场趋势和竞争情况，开发出独特的、能够满足消费者需求的服装。

（四）心理满意型

产品除了具有使用功能和经济价值等基本条件，还需加入美学、联想及感知条件，使产品符合用户期望，使用户感到满意，进而增强用户的购买决策。①因此，心理满意度对服装设计具有影响。在本书中，根据资料分析得出，在行动/互动策略"中国风格服装设计方法"主范畴中，范畴"收集设计资讯""服装设计要素"和"创意服装设计"中包含了与心理满意有关的内容，见表 3-14。

表 3-14 心理满意型分析

行动/互动策略⇌中介条件			
主范畴	范畴	概 念	中国风格服装设计的影响因素
中国风格服装设计方法	收集设计资讯	文化元素的再创造	满足消费者的审美取向
	服装设计要素	创意性的设计主题	美感
		设计的价值体现	文化传播价值、民族性价值、教育价值
	创意服装设计	用户的心理满意度	私人定制服务、民族文化的识别度、合体性和舒适性

在范畴"收集设计资讯"中，强调了文化元素的再创造需要考虑消费者

---

① Ashby M, Johnson K. The Art of Materials Selection [J]. Materials Today, 2003, 6 (12): 24-35.

的个性和喜好，满足用户的情感需求。消费者在选择服装时往往会受到自身的文化背景、个性特点以及个人喜好的影响。每个人都具有独特的价值观、审美观和文化认同，因此，在设计服装时考虑消费者的个性和喜好，能够更好地满足他们的情感需求。此外，通过融入具有地域性、国家性或特定文化意义的元素，设计师可以创造出独特的服装风格，不仅能吸引消费者的注意和兴趣，还能满足消费者对于个性化和独特性的追求，进一步增强他们对于服装的情感认同和满意度。

在范畴"服装设计要素"中，强调了创意性的设计主题，通过调研用户以及结合流行趋势，表达服装美感。同时，服装设计需要反映时代精神和民族文化认同感，并具有教育意义。首先，创意性的设计主题可以为服装注入新颖的元素和独特的风格，使其脱颖而出，引人注目。通过调研用户需求和关注流行趋势，设计师可以更好地了解客户的喜好和时尚追求，从而创造出符合市场需求的服装。同时，通过精心的设计和构思，可以让服装展现出令人愉悦、独特而又艺术的美感。其次，在全球化的背景下，服装设计需要传递出民族文化的独特魅力和价值，强调民族特色，提升文化认同感。同时，服装设计也具有教育意义，它不仅是一种装扮，更是一种表达、交流和传递信息的媒介。通过服装设计，可以向人们传递正能量、价值观念和文化内涵，引导人们思考和反思，具有启发和教育作用。

在范畴"创意服装设计"中，可以采用私人定制服务，增强服装的舒适度和实用性，让客户获得更好的着装体验，同时，服装设计需要具有鲜明的中华民族文化特征，以有效地传达文化和民族情感。首先，私人定制可以让客户感受到定制的特殊待遇，提供专属的设计和服务体验，增强客户与服装之间的情感联系。其次，舒适性可以保证穿着者的舒适感和体验感，使他们能够自在行动和活动，而实用性则能满足日常生活的需求和功能。此外，中国拥有悠久的历史文化和多元的民族文化，具有丰富的文化内涵和独特的魅力。服装作为文化和时尚的重要表达形式，应该能够传递中国民族文化的独特魅力和价值观，让人们在穿着中感受文化的力量和归属感。通过具有民族文化特征的服装设计，向世界展示中国的文化底蕴和创新能力，促进文化交流和理解。

（五）可持续型

可持续性对服装设计具有重要作用。在设计中使用新技术和材料，从而减少产品对环境的影响。[①]将地方文化知识运用到时尚产业，可以促进时尚可持续发展。[②]在本书中，根据资料分析得出，在行动/互动策略"中国风格服装设计方法"主范畴中，范畴"服装设计要素"和"创意服装设计"中包含了与可持续有关的内容，见表3-15。

表3-15 可持续型分析

行动/互动策略⇌中介条件			
主范畴	范畴	概 念	中国风格服装设计的影响因素
中国风格服装设计方法	服装设计要素	服装的工艺制作	环保材料、简单设计	可持续型
	创意服装设计	时尚的美学表达	传统手工艺技术与环保面料的结合	

在范畴"服装设计要素"中，设计师可以选择使用天然环保面料、可再生循环面料、可降解合成面料，并采用简单的设计，考虑更少的着色、更少的装饰、更少的细节、更少的印刷、更少的缝合，同时考虑数字技术的使用，缩短服装的开发周期，降低设计费用。首先，天然环保面料、可再生循环面料和可降解合成面料都具有较低的环境影响和更好的可持续性。相比于传统的合成

---

① Tischner U, Charter M. Sustainable Product Design [M] // Charter M, Tischner U (eds.). Sustainable Solutions: Developing Products and Services for the Future. Greenleaf, Sheffield, 2001: 118-138.

② Fletcher K, Grose L. Fashion and Sustainability: Design for Change [M]. Donghua University Press, 2019: 109-110.

纤维，它们可以减少对有限资源的耗费，并且在生命周期结束后能够更好地降解，减少对环境的污染。其次，采用简单的设计可以减少对资源和能源的消耗。简洁的设计意味着更少的材料使用、更少的生产过程和更少的能耗。精简的设计能够凸显服装的本质和整体美感，降低生产和制造成本。同时，数字技术的使用可以显著缩短服装的开发周期，降低设计费用。数字化设计和生产流程可以提高效率，减少人为错误和浪费。借助计算机辅助设计（CAD）和三维打印等先进技术，设计师可以快速地将创意转化为实际产品，并减少生产过程中的资源浪费。

在范畴"创意服装设计"中，重点关注人与自然的和谐共生，建立商业道德规范，满足人对服装的需求，并保护环境和自然资源。人与自然的和谐共生意味着我们设计和生产的服装应该考虑环境和社会的可持续性。在制造过程中要关注生产工艺和整体生命周期，减少对水源、土壤和空气的污染。此外，还需尊重劳动者权益，避免恶劣的工作条件和不公平的待遇，保障员工的福利和权益。

五、关系陈述验证

（一）验证关系陈述

在选择性编码阶段，通过差别抽样验证概念间的关系陈述，并对需进一步深化的范畴进行补充性的探索。选择性编码是基于理论构建的维度来整合范畴的过程，在此过程中确定关系陈述和对需要补充的范畴进行精细化。差别抽样可以让研究者有意识地选择自己需要什么资料，以及选择从谁那里获取这些资料，这可以通过直接互动和审议的方式实现。①

在本书中，我们采用差别抽样方法搜集了一手资料，该资料由 R02、R05、

---

① Strauss A L, Corbin J. Basics of Qualitative Research：Grounded Theory Procedures and Techniques ［M］. Newbury Park，CA：Sage, 1998：211-212.

R10 和 R21 提供。为了将通过开放式编码和主轴式编码收集的资料内容具体化，在本书的研究阶段，对服装领域学术专家 R21 进行了有目的的抽样。随后，在经过 R02 的审议后，我们进行了雪球抽样，对需要完善的范畴进行了精细化处理，以实现数据的理论饱和。

在这一过程中，通过多种提问方式，确认了在脉络上具有相似性的重复性陈述，从而提炼出核心范畴，并构建了假设性的关系陈述。同时，通过类型学分析，比较和审视了这些陈述。差别抽样帮助我们确认了构成主范畴的各个范畴和概念，使得这些概念得以具体化。

通过对关系陈述的验证，明确了"中国风格服装设计的创作过程"的类型分类。

（二）"中国风格服装设计的创作过程"情境模型

情境模型是一种在广泛情境下审查研究现象的有效工具和方法。通过此模型，研究人员能够明确区分并勾画出相关情境以及其结果之间的联系。情境模型包括情境路径，沿着这一路径进行追踪，可以深入揭示不同情境之间的内在联系。①对于"中国风格服装设计的创作过程"这一核心范畴而言，其情境模型如图 3-8 所示。

（三）中国风格服装设计的创作过程阐释

为了深入挖掘并实现"中国风格服装设计创新"，我们必须先系统地理解中国风格服装设计的创作过程。在这个过程中，诸多相互关联的因素如社会环境、审美取向、市场需求、心理态势以及文化语境等，将共同作用并形成独特的审美文化和设计语言。通过对访谈资料的深度分析，我们发现大多数受访者着重指出了这些因素的重要性。此外，二手资料也表明了中国优秀传统文化与

---

① Anselm Strauss, Juliet Corbin. 质性研究概论［M］. 徐国宗，编译. 台北：巨流图书公司，1997：179-183.

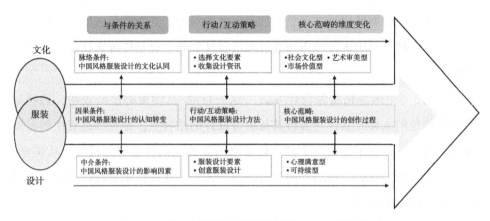

图 3-8 "中国风格服装设计的创作过程"情境模型

服装设计交融的不可或缺性。

第一，"中国风格服装设计的认知变迁"这一因果条件范畴，体现在中国风格服装设计已成为一个社会集体认同的价值观、生活方式或审美取向，并作为一种显著的社会现象被广泛推广与应用。这不仅代表了独特的生存哲学和生活方式，更是人们对中国传统文化进行创新性表达的全新途径。在国家政策的积极推动下，中国传统文化已经成为服装设计的重要灵感源泉。新时代语境下，中国风格服装设计激发了民族自豪感和审美经验，增强了中国服装设计的创新动力和国际竞争力，促进了产业经济的发展，推动了中华优秀传统文化的持续传承。

第二，"中国风格服装设计的文化认同"这一脉络条件范畴表明，中国风格服装设计作为一种情感符号和民族文化表达形式，不仅提供了审美的享受，也展现了文化个性和民族自信。在新时代浪潮的冲击下，消费群体、消费观念以及消费者的生活方式等方面都经历了巨大的变革，推动着中国风格服装设计向新的方向演进。

第三，"中国风格服装设计的影响因素"这一中介条件范畴表明，提取和再创造地域文化元素有多种途径。将这些元素与服装设计巧妙融合，不仅能够增进人们的审美体验，而且在中国政府积极倡导弘扬传统文化的背景下，以传统文化为核心的服装设计在市场上拥有巨大的潜力，并能够促进服装及相关产业的持续发展。对中国传统服饰进行现代设计创新，也是传统文化复兴的重要途径。

第四，"中国风格服装设计方法"这一行动/互动策略范畴表明，选择具有民族特色的文化元素，并分析其与服装设计的结合点，是设计过程中的首要步骤。随后，创意主题的产生和宣传策略的实施也同样重要。最终，从美学、生活方式、用户体验、市场动向和可持续等多个维度评估服装设计，则是确保设计成功的重要保障。

第四章 中国风格服装设计创新的理论模型

在新时代语境下，中国风格的服装设计既是对中国服装设计传统的一种继承和发展，也是对中国现代文化的一种全新诠释。本章详细阐述了中国风格服装设计的概念及其丰富的内涵。继而，基于上一章的研究，本章构建了中国风格服装设计的创作过程概念框架，揭示了从灵感闪现到设计成型的全过程。最终，我们探讨并开发了中国风格服装设计创新策略的理论模型，该模型不仅为传统与现代的交融提供了理论支撑，也为服装设计的创新实践指明了方向。

第一节 中国风格服装设计的概念及内涵特征

在本节中，我们将针对本书提出的研究问题——"如何界定新时代中国风格服装设计的概念与内涵"进行深入的阐释和剖析，以期为这一设计理念的界定提供更明晰和深入的理论依据。

一、设计的概念

中国风格服装设计作为一种以视觉艺术为核心，以服装为表达媒介的审美创造，深刻体现了民族文化情感的符号化传达，对于强化国人的文化认同感和民族自信心具有不可忽视的影响力。

首先，中国风格服装设计强调的是文化认同的构建，它不仅是民族精神和情感的共鸣，更是通过视觉艺术的途径将民族文化的深厚情感转化为一种可识别的符号语言，从而有力地促进民族自信心的培养。这种设计理念注重通过服装这一载体，传达出人们对于自身民族文化身份的认同与尊重。

其次，中国风格服装设计巧妙地平衡了传统与现代的对话，保护与发展非物质文化遗产的并行不悖，有形与无形、外观与精神的和谐统一，以及民族特色与国际视野的有机融合。这种设计不仅是对于传统元素的传承，更是对于现代审美理念的探索与实践。

最后，随着社会的发展和时代的变迁，消费者主体、消费观念、生活方式的改变，以及设计能力的演进，对中国风格服装设计提出了新的要求。设计师们面临着重新审视和思考这一设计理念的挑战，以适应现代审美趣味和生活方式的变化，继续在传统与现代之间架起一座沟通的桥梁。

二、设计的内涵特征

在当今全球文化交融的背景下，中国风格服装彰显出其独树一帜的多元特性，包括多样性、创新性、融合性、象征性以及民族性等核心特质。多样性体现在对丰富民族元素及文化符号的巧妙融合，揭示了不同地域民族文化的独特韵味。创新性则体现在设计师们对于传统表达方式和材质的革新探索，为传统文化注入现代元素，赋予了设计以全新的生命力。融合性在于将传统文化与现代审美有机结合，创造出既具有时代特征又具备国际视野的艺术佳作。象征性揭示了服装设计中所蕴含的文化象征意义，能够唤起人们对于民族文化的自豪感和认同感。民族性则强调对民族传统文化的尊重与传承，展现了我国特有的艺术风格和审美理念。

在前文的论述中，我们对中国风格服装设计的创作过程进行了深入剖析，发现这五大特征在设计实践中均有显著体现。基于此，研究者在理论层面对包含于中国风格服装设计中的概念进行了系统整合，以提供更清晰的认识和理解。整合后的概念框架如图 4-1 所示。

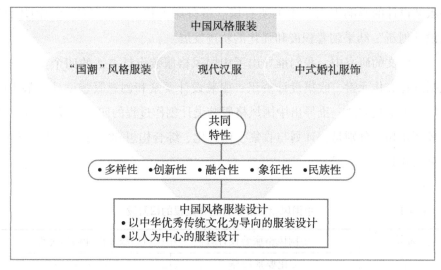

中国风格服装

"国潮"风格服装　　现代汉服　　中式婚礼服饰

共同
特性

•多样性　•创新性　•融合性　•象征性　•民族性

中国风格服装设计
•以中华优秀传统文化为导向的服装设计
•以人为中心的服装设计

图 4-1　中国风格服装设计的内涵特征

第二节　中国风格服装设计的创作过程

在本节中，我们将针对本书提出的研究问题——"如何解析新时代中国风格服装设计的创作过程"进行深入的阐释和剖析，以揭示新时代中国风格服装设计的创作过程，为构筑中国风格服装设计创新策略理论模型奠定基础。

一、设计的类型分析

在前一章节的研究中，通过对数据进行分析，提炼出核心范畴"中国风格服装设计的创作过程"的五种类型，包括社会文化型、美学表现型、市场价值型、心理满意型和可持续型。这五种类型共同构成了推动"中国风格服装设计创新"形成的理论框架。然而，尽管这五种类型均致力于促进创新，但是它们在具体的行动策略"中国风格服装设计方法"以及中介条件"中国风格服装设计的影响因素"方面，仍呈现出一定的差异性。

因此，通过采用归纳法对主范畴"中国风格服装设计方法"和"中国风格服装设计的影响因素"中的所有概念进行深入整合，可以使"中国风格服装设计创新"结果朝着积极和强化的轨迹发展。

在前文的研究中，我们推导出了中国风格服装设计方法的四个主要维度，包括选择文化元素、收集设计资讯、服装设计要素和创意服装设计。基于此，运用溯因推理方法，推导出中国风格服装设计创作过程的四个阶段。这四个阶段环环相扣，分别是：计划与收集、概念化、综合构想和实行。具体的导出过程见表4-1。

表4-1 　　　　　　　　　中国风格服装设计创作过程的四阶段

阶段	中国风格服装设计方法 ↔中国风格服装设计创作过程	
1	文化要素选择	计划与收集
2	收集设计资讯	概念化
3	服装设计要素	综合构想
4	创意服装设计	实行

在开放式编码阶段，我们已经将涉及"中国风格服装设计的影响因素"与"中国风格服装设计方法"的所有内容进行了概念化处理。在此基础上，本书将进一步运用归纳法，将中国风格服装设计的创作过程细分为四个相互衔接的阶段。同时，我们将对"中国风格服装设计方法"及"中国风格服装设计的影响因素"的相关概念进行系统分类与整合，以深入揭示各设计阶段之间错综复杂的内在联系。

1. 社会文化型

在计划与收集阶段，通过深入的调查与分析，从外观特征、制度背景、精神内涵等多个维度对文化元素进行全面探索。这些文化元素的范畴广泛，涉及传统纺织与印染技术、独具特色的少数民族服饰以及丰富多样的民间艺术文化等。这些元素不仅承载着生动的故事，而且与人们的日常生活紧密相连，蕴含着深刻的美好寓意。在概念化阶段，设计师们依托于新时代的社会语境，精选社会热点事件和流行符号作为设计的关键要素，并运用叙事性的手法对文化元素进行创意性演绎。在此过程中，设计师们还必须仔细考量文化元素与中国风格服装设计之间融合的可能性，确保设计的创新性与文化传承的连续性。这样的精心策划与巧思，让文化元素在新时代的浪潮中焕发出新的活力与意义。

2. 艺术审美型

在计划与收集阶段，着眼于服装历史演进与美学维度，致力于发掘那些蕴含美学价值与民族精神的文化元素。此阶段的目标是寻找那些能够体现美感和民族特色的元素，为后续设计提供灵感和素材。在概念化阶段，对这些文化元素的特征进行抽象化的处理与重组，借助数字技术手段对其进行再现，并构建一个涵盖这些元素信息的数据库。在此基础上，结合现代裁剪技艺与传统民族手工艺，探索创新性的设计路径，以实现文化元素的现代演译与融合。在综合构想阶段，关注设计过程中的各项关联性，通过创新性的思维模式来确立设计主题，同时综合考量服装的制作工艺、价值内涵以及传播策略。在实施阶段，服装的外观设计应彰显中国风格的审美特质，并契合当代审美趋势，兼具民族特色、艺术价值、意境之美、创新性与独特性。

3. 市场价值型

在概念化阶段，将深入探讨当前国内外流行趋势对市场销售量的影响，并对此进行细致的分析。为了精准满足特定市场用户群体的需求，将展开针对目标消费者的服装消费行为的调查，以深入洞察消费者的兴趣爱好、着装理念以及具体需求。在综合构想阶段，基于新时代的社会背景，探索融合线上与线下营销策略的可能性，以有效宣传服装产品，彰显其文化价值与品牌价值，以构建一个全方位的营销网络，提高产品的市场竞争力。在实行阶段，综合考量服装的美观性、实用性和经济性，并对产品的市场价值进行全面评估，以避免品牌之间的同质化竞争，同时提升服装产品的销售业绩。

4. 心理满意型

在概念化阶段，需要对用户行为进行细致观察。文化元素的再创构必须纳入消费者独特的个性和审美偏好，以此满足他们深层次的情感需求。在综合构想阶段，以中国风格为核心的服装设计将被赋予时代精神的深刻印记，同时传达对民族文化认同的坚定感受。这一阶段的设计构思，将在传统与现代之间架起一座桥梁，使服装成为文化的载体，传递民族情感。在实行阶段，私人定制服务的采用将显著提升服装的舒适度和实用性，为用户提供愉悦的着装体验。此外，服装被赋予独特的中华民族文化特征，从而增强其文化识别度，使其能够传递文化情感。

5. 可持续型

在综合构想阶段，应秉持环保与可持续发展的理念，挑选天然环保面料、可再生循环面料以及可降解合成面料，以此作为创作基础。在设计上，应追求简约之道，考虑减少色彩运用、装饰点缀、细节处理、印刷工艺以及缝合技巧，以此体现对环境友好的设计哲学。同时，探索数字技术的融合应用，以期缩短服装开发周期，减少设计成本，实现创意与效率的双重提升。在实行阶段，构建人与自然的和谐共生关系。采纳环保设计策略，确保在满足人类对于服装需求的同时，维护环境的稳定与自然资源的可持续利用。这两个阶段相互衔接，共同绘就了一幅生态与时尚共融的设计蓝图。

二、设计的四个阶段

基于以上中国风格服装设计的五种类型及对其设计流程的深入分析，发现它们之间的内在联系。据此，我们可以认为，"中国风格服装设计的创作过程"是一个统一的、理论性的整体，可以将"中国风格服装设计的创作过程"进行理论性整合。

1. 计划与收集阶段

在该阶段，社会文化和艺术审美是主要影响因素。从社会文化的视角来看，可以从多个维度对中国传统纺织技术、印染技术、少数民族服饰文化、民间艺术等文化元素进行分析。这些文化元素具有故事性，能够讲述与生活相关的故事，并且有着美好的寓意，因此成为设计师的灵感来源。从美学性表现的视角来看，可以从中国的传统服装中寻找具有美感和民族精神的文化元素。

2. 概念化阶段

在该阶段，社会文化、艺术审美、市场价值、心理满意是主要影响因素。从社会文化的视角来看，设计需要重点考虑当今时代人们的生活方式，可以将社会热点事件、流行符号作为设计要素，结合剧本和讲故事，重新创建文化元素，并考虑其与中国风格服装设计的可行性。从艺术审美的视角来看，需要重点考虑融合性，可以将现代裁剪方法和民族手工艺进行结合，实现融合性的创新设计。从市场价值的视角来看，需要重点关注用户偏好，可以通过调查目标消费者的服装消费行为，了解他们的兴趣、着装价值观和偏好，以满足特定市场的需求。从心理满意的视角来看，设计需要满足消费者的情感需求。

3. 综合构想阶段

在该阶段，艺术审美、市场价值、心理满意、可持续是主要影响因素。从美学表现的视角来看，需要定义设计主题，考虑设计过程的关联性、服装的制作工艺流程、价值体现和宣传方式。从市场价值的视角来看，需要重点关注服装产品的宣传方式，可以通过线上和线下整合营销的方式宣传服装，体现产品的文化价值和品牌价值。从心理满意度的视角来看，以中国风格为主题的服装设计需要反映时代精神和民族文化认同感。从可持续性的视角来看，需要重点考虑环保，可以使用天然环保面料，采用简化的设计，同时考虑数字技术的使用，以缩短服装的开发周期并降低设计费用。

4. 实行阶段

在该阶段，艺术审美、市场价值、心理满意、可持续性是主要影响因素。从艺术审美的视角来看，服装外观应该体现出中国风格的审美特征，并与现代

人的审美标准相符。从市场价值的视角来看，需要评估服装的市场价值，避免
品牌同质化以提高市场销量。从心理满意度的视角来看，为用户提供更好的着
装体验至关重要，可以采用私人定制服务来提高服装的舒适性。此外，服装需
要具备中华民族文化的识别度，能够展示文化，表达民族情感。从可持续性的
视角来看，需重点关注人与自然的和谐共生，可以采用环保设计，在满足人们
对服装需求的同时，也能保护环境和自然资源。

三、设计创作过程的概念框架

1. 工具开发

基于对推演出的中国风格服装设计创作过程的四个阶段的深入理解，并结
合在开放式编码过程中所收集的资料，运用溯因推理的策略，开发了可以适用
于四个阶段的相应工具。表4-2将详细介绍这些工具的构成。

表4-2 设计工具导出

阶段	工具—资料说明	
计划与收集阶段	头脑风暴	在设计小组会议上，我们进行了讨论并提出了各自的意见，最终决定选择特定的元素作为设计灵感。[R08]
	观察	我会进行田野考察，从地域和历史的视角对当地传统文化进行分析。[R05]
	记录	通过对当地工匠或原住民的口述史进行实地调研，并收集相关的口述史资料，以此作为研究的基础。[R10]
	照片条目	在旅游过程中，通过拍照和摄像积累了大量文化素材，并与当地居民交谈，以了解当地的习俗与民情。[R04]
	讲故事	这些图案的题材来源于日常生活中美好景色和美好事物的观察和思考，它们都包含了富有故事性的美好叙述。[R07]

续表

阶段	工具⇌资料说明	
概念化阶段	织造	可以利用民族手工艺技法，如刺绣和挑花等，来重新创造图案，以实现文化元素的再创造。[R06]
	数字化	运用计算机图像识别软件对文化元素的特征进行分析和提取，并同时建立数字化的文化对象信息资料库。[R09]
	用户调查	利用移动应用程序来创建电子问卷，以调查并了解用户需求。[R01] 运用深度访谈方式能够更加全面地了解用户对于服装的诉求和期望，为产品设计和开发提供有力的参考依据。[R06]
	观察	通过对社会文化环境的探索，定义具有派生意义的服装。[R08]
	视觉词汇	在艺术创作中，蓝印花布的图案遵循传统审美法则，并通过结构处理表现出对称性、多样性、重复性和韵律性等艺术特色。[R21]
	场景	考虑到服装的穿着场合，如职业装、日常休闲装以及高级定制等，进一步确定设计理念的方向。[R22]
综合构想阶段	效果图	传统文化元素与时尚元素融合，在设计草图中绘制纹样、工艺和颜色等设计元素，经过多次修正后制作服装彩色效果图。[R04]
	讲故事	每个季度的新品推广都会有一个主题，每个主题都代表一个故事的讲述。[R11]
	可持续实践	在材料的选择上，特别关注采用天然环保织物、可再生循环织物以及可降解合成织物等。[R13] 着重关注可持续设计，考虑减少着色、装饰、细节、印刷和缝合的数量，降低对环境的负面影响，并鼓励消费者选购更简洁的款式。[R07]

续表

阶段			工具⇌资料说明
综合构想阶段	新媒体平台宣传		利用社交媒体、电商平台等各种网络渠道，通过发布图片、视频和文章等形式，利用时下流行的直播、微博、抖音等平台进行直接传播，吸引更多关注和购买。[R15]
实行阶段	原型制作	服装工艺流程	确定服装构思后，开始制作过程。制作过程融合了创意构思与实物制作的环节，充分展现了服装设计及制作的综合性和技术性。[R09]
	评价	现代审美	在将传统文化元素与现代服装设计相结合时，需要考虑服装款式的现代设计表达，以符合现代人的审美标准。[R10]
		社会生活方式	在对传统服饰进行现代创新性设计时，应考虑将设计元素与当代生活方式相融合。[R10]
		用户满意度	我们提供私人定制服务，根据客户的独特要求，进行款式设计和面料选择，并且派人上门为客户进行身体尺寸的测量，以保证所设计和制作的服装完全满足客户的期望和喜好。[R06]
		市场销量	在制定服装款式时会考虑市场销售数据和收益情况。根据市场销售情况来调整设计，以确保设计出最有利于销量的服装款式。[R15]
		可持续	将传统手工艺技术与环保面料如香云纱、丝绸等相结合，以促进面料产业的可持续发展。[R12]
	实施	合体性和舒适性	在考虑服装的基本功能之时，必须着重考虑其合身性和舒适性。这两个要素主要通过精细的裁剪和高超的手工艺技术来实现。[R12]

2. 中国风格服装设计创作过程的概念框架

将前文开发的工具与中国风格服装设计创作过程相融合，可以对这一创作过程进行更微观的剖析。图 4-2 展示了经过精练的中国风格服装设计创作过程的概念框架。

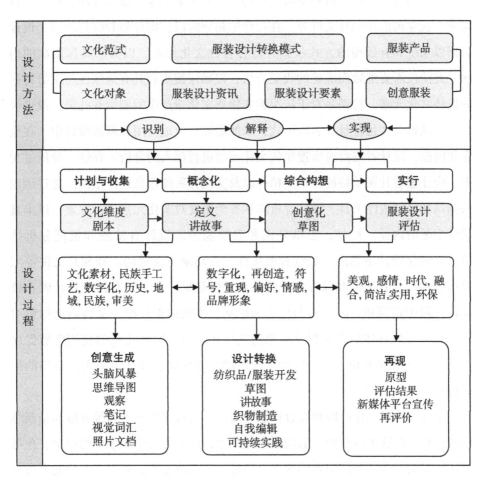

图 4-2　中国风格服装设计创作过程的概念框架

通过以上分析可发现，在中国风格服装设计的四个阶段，相邻阶段之间存在密切的衔接性。

第一，计划和收集阶段至概念化阶段实质上是一个将文化元素收集、分析并定义服装设计主题的过程。此过程要求收集具有民族性和审美特征的地域文化元素，如纺织类非物质文化遗产中的刺绣和扎染等。接着，对所搜集的文化元素进行多维度的分析，包括视觉特征、审美精神等方面。从本质上看，这是概念生成的过程。这一过程中可利用的工具有头脑风暴、思维导图、观察、备忘录、视觉词汇和照片文件等。在设计的初期阶段，即计划和收集阶段，设计者需以系统和有条理的方式收集并整合各种文化元素，以揭示其深层次的内涵。此阶段需要细致而准确的收集方法，以确保搜集到具有地域性与审美特征的民族文化元素。特别是对于纺织类非物质文化遗产中的刺绣和扎染，设计者应全面理解其文化背景和表现形式，以便能够有效地应用在服装设计中。在概念化阶段，设计者需要对所搜集的文化元素进行深入的分析。在这一分析过程中，应注重对其视觉特征、审美精神以及文化背后的意义进行挖掘。通过运用头脑风暴等创造性工具，设计者可以从各个角度对文化元素进行探索，以丰富设计主题的内涵。此外，思维导图和观察能协助设计者整理和梳理分析结果，以确保设计主题的一致性和凝练性。备忘录、视觉词汇和照片文件等工具可帮助设计者记录和保存各种收集和分析结果。备忘录有助于设计者在概念化过程中追溯和回顾已有的想法和思路，视觉词汇和照片文件则能提供对于文化元素的具体形态和视觉形象的支持和参考。这些工具的使用能够促使设计者更好地理解和表达文化元素的精髓，以在服装设计中呈现出独特的民族特色。

第二，从概念化阶段到综合构想阶段，可以被视为一个思维发散和绘制草图的过程。在这个过程中，借助数字化技术，将各种文化元素中的图案、色彩等进行提取，并结合消费者的偏好、情感以及品牌形象，对这些文化元素进行再创造和再构成。从本质上来说，这是一种设计转换的过程，将原有的文化元素赋予新的设计意义。具体而言，这个设计转换的过程依赖于多种有效的工具和方法。首先，通过深入研究和开发纺织品及针织品，设计者可以更好地捕捉和表达文化元素的特征，进而将其融入设计。其次，通过手绘草图，将脑海中的创意转化为具体形象，为设计过程注入灵感和创造力，并运用讲故事的技巧，将文化元素与设计概念相结合，通过情感共鸣和情节展开，传达设计理念和背后的文化内涵。此外，通过结合文化元素的材料属性和纺织技术，创造出与文化元素相符的织物质感，使设计作品更具独特性和表现力。设计者的自我编辑能力十分重要，通过反思和筛选，设计者能够确保设计作品符合审美要求和品牌形象，提升作品的质量和成功度。最后，需要在设计过程中关注环保和社会责任等可持续发展目标，推动服装设计产业朝着可持续和长久的方向发展。

第三，综合构想到实行阶段可以被视为原型制作和评价的过程。在这个过程中，需要综合考虑服装的美观性、情感表达、时代性、融合性以及环保设计等因素。本质上，这是将服装作为一种载体，再次展现文化元素的过程。具体而言，实行阶段依赖于多种有力的工具和方法。首先，原型制作是至关重要的一环。通过制作服装的原型，设计者能够忠实地呈现出之前构想阶段的设计理念和文化元素。原型制作不仅满足了审美要求，还考虑到了服装的功能性和可穿性，为后续评价提供切实可行的参考。其次，评价结果在设计过程中扮演着重要角色。通过对原型的评价，设计者可以了解其设计的优点和不足之处，发现潜在的改进空间，并能更好地将文化元素与设计概念相融合，实现更符合目标受众需求的设计成果。此外，设计者还需要关注新媒体宣传的工具和策略。通过运用新媒体宣传手段，如社交媒体平台、网络影像和数字化传播，将其设计成果和文化元素进行广泛展示和宣传，以增加设计的曝光度和关注度，提升品牌的知名度和美誉度。

第三节　中国风格服装设计创新策略理论模型

在本节中，我们将针对本书提出的研究问题——"如何构建新时代中国风格服装设计创新的理论框架"进行深入的阐释和剖析，以为服装设计领域的理论发展与实践创新提供清晰的路径与指导。

一、模型构建

1. 核心要素提取

本节将探索并构建一套创新性的策略,以促进中国风格服装设计在新时代的突破与发展。根据主轴式编码阶段提炼出的范式模型可以发现,中国风格服装设计创新路径包括4个概念:技术创新、提升原创力和品质、可持续发展理念、助力乡村振兴和文化扶贫。根据开放式编码阶段收集的资料,从这4个概念中提取了8个核心要素。这些要素的具体分析见表4-3,进一步揭示了中国风格服装设计创新的丰富内涵。

表4-3　　　　　　　　中国风格服装设计创新要素

区分	核心要素 ↔ 资料说明	
技术创新	跨学科思维	在技术方面,可以实现多学科研究的交叉融合,将人机工程学、交互设计、感性工学、心理学等领域的研究方法运用于非物质文化遗产的保护与传承领域。[R20]
	数字化技术	在中国风格时尚创新设计中,技术创新至关重要,比如3D数码打印、热转印、CLO3D,以及人工智能中的自然语言、图像识别、智能交互等技术。通过技术创新,可以提升传统服装的工艺水平和品质,使其更加符合现代审美要求。[R21]
提升原创力与品质	高品质服装	品牌应当在设计、生产、营销等关键环节加强质量控制体系的建立,以促进品牌的高质量发展。只有不断满足消费者对高品质服装的需求,品牌才能获得消费者的长期信任和支持。[R03]
	原创力提升	探索融合时代潮流和文化元素的方法,以充分发挥原创设计的威力,扩展品牌文化的内涵。这样的实践将艺术与想象力紧密结合,打造出独特的中国服装设计风格。[R22]

续表

区分		核心要素 ↔ 资料说明
可持续 发展埋念	环保理念	利用多层次、多方式、多角度的方法，加大环保理念宣传普及力度并运用于服装设计过程。[R08]
	服装生态体系构建	品牌应当注重人与自然的和谐共生关系，建立商业道德规范，以维护环境和自然资源的有限性，满足自身产品需求的同时，促进可持续发展的服装生态体系的构建。[R21]
助力乡村 振兴和 文化扶贫	挖掘和保护	通过将乡村地区的传统纺织、缝制等工艺技术与现代时尚元素相结合，设计出具有独特中国风格和市场需求的服装作品，不仅能够为乡村手工业提供新的发展机遇，还有助于培养年轻一代对传统工艺的兴趣和认同，推动非物质文化遗产的传承。[R09]
	激发创业和就业活力	通过组织培训和技术指导，引导当地居民从事服饰手工艺创作、制作和销售等相关产业，为乡村地区创造更多的就业机会和创业机会，提高居民的收入水平和生活质量。[R24]

2. 中国风格服装设计创新的理论模型

通过将提炼出的设计创新要素与中国风格服装设计的创作过程概念框架相融合，成功构建一个全面的理论框架。该理论框架精心设计了多个关键环节，确保在服装设计的过程中，服装本身成为一种载体，有效地传达中国风格的独特特征与文化元素。具体的框架结构如图 4-3 所示。

二、模型阐释

1. 中国风格服装设计的特性

通过研究发现，中国风格服装设计具有多样性、创新性、融合性、象征性和民族性等多元特性。这些特性在"国潮"风格服装、中式婚礼服饰以及现

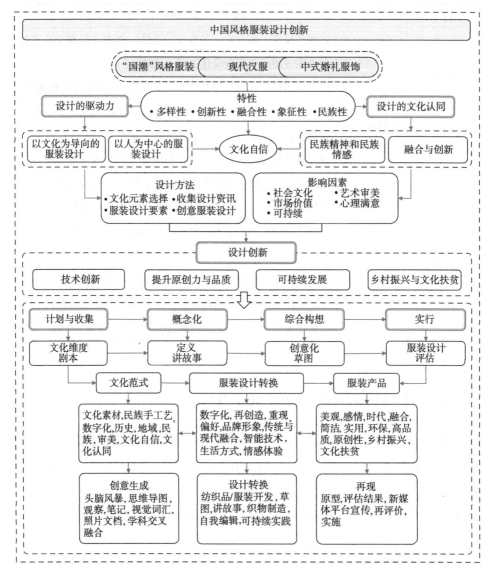

图 4-3　中国风格服装设计创新的理论模型

代汉服等类型服饰中都得到了显著体现。为确保所揭示特性的准确性与可靠性，本书采用了理论三角验证的方法，将所得结论与一手资料进行了严谨的对比分析。通过研究，我们对中国风格服装设计的内涵进行了重新界定，明确指出该设计理念所蕴含的中华优秀传统文化导向性和以人为本的中心思想。中国风格服装设计的流行趋势不仅反映了中华民族的文化自信，也展现了中国设计在传统与现代之间取得平衡的独特能力。

2. 核心范畴"中国风格服装设计的创作过程"的结构关系

本书探讨了"中国风格服装设计的创作过程"这一核心范畴的结构关系，揭示了五个主要方面：第一，"中国风格服装设计的认知转变"是触发"中国风格服装设计的创作过程"的根本原因。在新时代背景下，以中华优秀传统文化为设计灵感的中国风格服装设计已成为一种社会文化现象，它能够触动大众的情感，形成新的文化审美形态。此外，这种设计不仅有助于提升国家文化软实力，还有助于推动纺织业及相关产业的发展，引发公众对中华优秀传统文化的关注，并促进和谐生态环境的构建。同时，它也有助于塑造具有中国特色的服装品牌形象，提升设计师的文化素养，提高中国服装设计在国际舞台上的影响力，推动传统文化的持续发展。第二，我们将"中国风格服装设计的驱动力"视为中心现象，而"以中华优秀传统文化为导向的服装设计"和"以人为中心的服装设计"则构成了"中国风格服装设计的创作过程"的基础。以传统文化为导向的设计是对历史文化价值和精神的传承，通过融合传统文化元素，弘扬了民族文化的精髓。而以人为中心的设计则增强了公众对中华优秀传统文化的认同和自信。第三，"中国风格服装设计的文化认同"是影响"中国风格服装设计的创作过程"的背景。中国风格服装设计是对民族文化的一种符号化情感表达，能够激发消费者的情感共鸣，展现文化自信。同时，设计过程需考虑消费者的实际需求，因为消费群体、消费观念和生活方式等因素都会对设计产生影响。第四，"中国风格服装设计的影响因素"是促进"中国风格服装设计的创作过程"的条件。社会文化环境、审美观念、市场价值、消费者偏好和可持续发展等因素都在其中扮演重要角色。在中国广阔的地域中，创新性地运用地域文化元素不仅是对传统文化的保护和复兴，也是现代审美情感的体现。设计作品需融合外在审美要素和文化内涵，同时迎合流行趋势和满足消费者个性化需求，并运用新技术和环保面料。第五，"中国风格服装设计方法"是为了促进"中国风格服装设计的创作过程"所采取的行动策略。通过田野考察、头脑风暴等方式收集民族特质文化元素，并分析文化特征，以创新的视角重新创造这些元素，满足消费者的审美需求。定义富有故事性的设计主题，注重服装工艺制作，以增强服装的民族文化识别度。同时，服装应具备独特美感且具有良好的市场表现。

3. 中国风格服装设计创新路径

在开放式编码阶段，我们归纳出中国风格服装设计创新路径的四个概念，分别是技术创新、提升原创力和品质、可持续发展理念、助力乡村振兴和文化扶贫。首先，将民族手工艺与现代数字技术进行跨界融合，进行深入的跨学科理论研究，以实现技术层面的创新突破。其次，在个性化和差异化日益成为大众追求的时代背景下，我们强调服装设计的原创性，追求独特的设计风格。同时，品牌也需要始终坚持以高品质满足消费者的需求，以此赢得消费者的持久信任与支持。再次，倡导将环保理念贯穿于服装设计的每一个环节，构建一个绿色、可持续的服装生态体系。最后，通过支持乡村振兴和文化扶贫，建立非物质文化遗产产业链，从而激发地区经济的活力。

4. 中国风格服装设计创作过程的概念框架

在本书中，我们推导出了中国风格服装设计创作过程的四个关键步骤，分别是计划和收集、概念化、综合性构想以及实行。在计划和收集阶段，进行文化元素的选择和分析，以确定设计的方向和基础。概念化阶段则着重于定义服装设计的故事性主题，以赋予设计作品更加深刻的内涵。综合构想阶段则强调思维的发散性，通过绘制服装效果图来具体呈现设计构想。在实行阶段，即将设计付诸实践，包括服装的生产以及评价。为了确保这四个阶段的顺利进行，我们研发了一系列工具，并构建了一个系统化的中国风格服装设计创作过程概念框架。该框架为设计师提供了一个明确的操作指南，确保了设计过程的连贯性与高效性，从而使中国风格服装设计得以在实践中创新与发展。

5. 中国风格服装设计创新理论模型

经过以上分析，我们提炼出了中国风格服装设计创新路径的四个概念，并从中推导出了八个核心要素。同时，我们将这八个核心要素与中国风格服装设计创作过程的四个阶段进行了整合，进一步丰富了中国风格服装设计创作过程的概念框架。首先，从计划和收集阶段到概念化阶段，需深入探索并精心挑选那些蕴含民族性与审美价值的地域文化元素，并对其进行多维度的深入分析，涵盖视觉特征、审美精神、文化认同以及文化自信等层面。这一阶段本质上是概念的生发与孕育。设计师可借助诸如头脑风暴、思维导图、观察、备忘录、视觉词汇、照片文件以及跨学科思维等工具，来辅助这一过程。接着，从概念化阶段到综合构想阶段，需运用智能化技术，将收集的文化元素——如图案、色彩——进行数字化提取，并在消费者偏好、情感体验、品牌形象、生活方式以及传统与现代的交融指导下，对这些文化元素进行创新性的再创造和再构成。这一阶段本质上是设计的转换与创新。设计师可利用纺织品/针织品的开发、草图绘制、故事讲述、织物织造、自我编辑以及可持续实践等工具来促进这一过程。最后，从综合构想阶段到实行阶段，需要综合考虑服装的美观性、情感表达、时代特征、融合性、环保理念、高品质、独创性、乡村振兴以及文化传播等多方面因素。这一阶段本质上是文化元素的再次表现与实现。设计师可运用原型制作、评价结果分析以及新媒体宣传等工具，来具体化这一过程。

基于以上研究，我们构建了一个全面的"中国风格服装设计创新"理论模型。该理论模型是将中国风格服装设计的特性、核心范畴"中国风格服装设计的创作过程"中的结构关系、主范畴"中国风格服装设计创新"中的核心要素、中国风格服装设计创作过程的概念框架四部分内容进行整合而成。

总体而言，"中国风格服装设计创新"理论模型具有广泛的适用性，尤其适用于以中华传统优秀文化为主题的服装设计。它提供了一种系统化的方法，使设计师能够深入分析和解释中国风格服装设计的创新过程，并在设计中巧妙地融合中华优秀传统文化元素与现代化设计原则。这种整合不仅为设计师提供了有力的指导，而且为文化交流与文化传承开辟了新的途径。通过这一模型的应用，设计师能够将民族文化元素巧妙地融入现代服装设计，利用时尚的力量在国际舞台上展现中华民族的独特魅力，并促进文化多样性的对话与交流。因此，这一模型的提出，为我们深入理解中国风格服装设计的创新方向与方法提供了重要的依据，为我们在实践中融合民族文化元素与现代化设计原则，塑造具有中国特色的时尚风貌，引领时尚发展潮流提供了有力的理论支撑。

第五章　中国风格服装设计的
未来展望

　　中国风格服装设计将是一个多元交融、共创共享的过程。通过文化传承、文化自信、自主设计、技术创新、品牌建设和服务升级等方面的努力，推动中国风格服装设计在全球时尚舞台上取得更辉煌的成就。同时，这也是中华文化传承与创新的重要体现，对于弘扬民族文化、提升国家形象具有重要意义。

第一节　文化传承：一脉相承的文脉

　　文化传承不是简单的复制，而是对传统的深入挖掘与创新。中国风格服装设计在历史的长河中经历了多次变革与创新，但始终保持了对传统文化的敬意与继承。从古代的丝绸之路到现代的"一带一路"，中国风格的服装在东西方文化交流中逐渐形成了自己独特的魅力。这种魅力源于对民族传统文化的深入研究与挖掘，以及对现代时尚元素的敏锐捕捉与融合。

　　在未来的发展中，中国风格服装设计应继续坚持深入挖掘传统文化的精髓。传统纹样、色彩搭配等都是中华文化的瑰宝，它们蕴含着丰富的历史信息和文化内涵。通过深入研究这些传统元素，领悟其文化内涵和精神实质，从而将其巧妙地融入现代服装设计。这种融合彰显了中华文化的深厚底蕴，使得传统与现代在服装上得以完美交融。

中国风格服装设计应注重创新与时代特色的结合。传统元素是文化传承的基础，但现代人的审美需求和时尚观念也在不断变化。设计师应关注当下社会的审美趋势和时尚潮流，结合现代科技和设计理念，创造出具有时代特色的作品。这样的作品既能够满足现代人的审美需求，又能够传承和弘扬中华文化。

中国风格服装设计应加强国际交流与合作。在全球化的背景下，中华民族文化发展面临着前所未有的机遇与挑战。中国风格的服装应积极参与国际时尚舞台的竞争与交流，向世界展示中华文化的魅力。通过与国际设计师的互动与合作，中国风格的服装设计将汲取更多的灵感与创意，推动中华文化在全球范围内的传播与认同。

总而言之，中华传统文化是一脉相承的，它既承载着历史的厚重，又孕育着未来的希望。中国风格服装设计作为文化传承的重要载体，将继续肩负起传承与创新的历史使命，为中华民族文化的繁荣与发展贡献力量。

第二节 文化自信：设计的基石

文化自信，是一个民族、一个国家对其自身文化的由衷肯定与积极践行。在全球化的浪潮中，中国风格的服装若要在世界舞台上大放异彩，需要树立坚定的文化自信。这是对自身文化的自豪，以及对未来的坚定信念。

在当今全球化时代，文化自信是中国风格服装设计走向世界舞台的坚实基石。它不仅确保我们在国际舞台上能够展示中华文化的独特魅力，更是我们创新与发展的动力源泉。面对全球文化的交融与碰撞，一些设计师在追求国际化的过程中迷失了方向，盲目追求西方的潮流，却忽视了自己民族的文化底蕴。而真正具有文化自信的服装设计师，能够在国际化的潮流中保持清醒的头脑，深入挖掘本民族的文化精髓，并将其与现代时尚元素巧妙地融合在一起。设计师们通过深入研究传统纹样、色彩搭配等传统元素，领悟其文化内涵和精神实质，并将其与现代设计手法相融合，创造出具有时代特色的作品。这样的作品既能够满足现代人的审美需求，又能够传承和弘扬中华文化。

文化自信也是推动中华民族文化传承与创新的重要动力。只有满怀自信，我们才能敢于面对挑战、抓住机遇，推动中华民族传统文化的传承与创新。

总而言之，文化自信是设计的基石，也是我们走向世界舞台的强大支撑。当我们对自己的文化有足够的自信时，我们就能在世界的舞台上展示出中华文化的独特魅力。

第三节　自主设计：创新的灵魂

自主设计体现了对中华传统文化的深刻理解和传承。中国传统文化是中华民族的宝贵财富，包含了丰富的哲学思想、审美观念和象征意义。通过自主设计，设计师能够深入挖掘和提炼这些传统文化元素，将之融入现代服装设计，从而形成具有中国特色的服装风格。

自主设计有助于提升中国服装设计的国际影响力。在全球化的背景下，各种文化交流日益频繁，中国风格服装凭借其独特的文化内涵和审美价值，越来越受到国际时尚界的关注和喜爱。自主设计意味着设计作品更具原创性和个性化，能够更好地展示中国文化的魅力，提升中国服装设计的国际地位。

自主设计有助于满足消费者多元化的需求。随着社会的发展和人们生活水平的提高，消费者对服装的需求越来越多样化，追求个性化、独特性和文化内涵。自主设计能够充分挖掘和发挥中国传统文化元素的优势，为消费者提供富有创意和个性化的服装产品，满足其日益增长的精神文化需求。

然而，要实现中国风格服装的自主设计，并非易事。设计师需要具备扎实的传统文化功底、创新意识和能力、开放的心态，对中国传统文化有深入的了解和独特的见解，能够在传承传统文化的基础上，突破传统束缚，实现设计与时代的同步发展，同时积极吸收和借鉴国际先进的设计理念和技术，为中国风格服装设计注入新的活力。

　　总而言之，通过自主设计，我们能传承和弘扬中华优秀传统文化，推动民族服装的创新和发展，提升其国际影响力，满足消费者多元化的需求。为实现这一目标，我们需要不断学习、实践和探索，将中华传统文化与现代设计理念相结合，创作出具有中国特色、中国风格和中国气派的优秀服装设计作品。

第四节　技术创新：驱动发展的引擎

　　在科技飞速发展的当代，新材料与新技术的涌现为服装设计领域带来了前所未有的变革。它们能够实现设计师们天马行空的设计理念，为中国风格服装设计注入新的活力，推动其走向世界舞台。

　　技术创新为中国风格服装设计提供了无限的可能性。传统服装设计受限于材料与工艺，往往难以实现设计师们的创意。然而，随着 3D 打印、智能穿戴等技术的出现，设计师们可以更加自由地发挥想象，将中国传统文化元素与现代科技完美结合，创造出独具特色的服装作品。例如，利用 3D 打印技术制作出的个性化定制服装，可以实现复杂的设计造型，为消费者提供独一无二的穿着体验。

　　技术创新有助于提升中国风格服装的品质与竞争力。在激烈的市场竞争中，高品质的服装是赢得消费者青睐的关键。通过技术创新，设计师可以更好地掌握服装的舒适度、耐用性等，提高服装的品质。同时，智能穿戴技术为服装增添了更多实用功能，如健康、运动监测等，使中国风格服装更具市场竞争力。

　　技术创新推动了中国风格服装的产业升级。在新技术革命的驱动下，服装产业正从传统制造向高端智能制造转型。技术创新促使产业链各环节实现协同发展，提高生产效率，降低成本，为产业升级提供强大动力。此外，技术创新还催生了新的商业模式，如线上线下融合、个性定制等，为产业发展注入新的活力。

　　技术创新有助于弘扬中国传统文化，提升国家文化软实力。在全球化的背景下，中国文化"走出去"的战略日益重要。通过技术创新，中国风格服装设计将传统文化与现代时尚完美结合，展现了中华文化的独特魅力，有助于提升中国文化的国际影响力，为国家经济发展贡献新的力量。

总而言之，中国风格服装设计的技术创新为设计理念的实现提供了可能，提升了服装的品质与竞争力，推动了产业升级，弘扬了传统文化，为国家文化输出贡献了自己的力量。在新时代的征程中，我们应当更加重视服装设计领域的技术创新，激发中国风格服装设计的活力，让中华文化的瑰宝在世界舞台上绽放光彩。

第五节　品牌建设：价值的体现

在全球化的浪潮中，品牌建设不仅是质量的保证，更是价值的体现。中国风格的服装要迈向世界舞台，品牌建设的步伐尤为关键。品牌，如同文化的名片，承载着设计的灵魂与国家的形象，它需要设计师、企业、政府和消费者共同努力，通过提升产品质量、加强品牌营销、提高消费者认知度等方式，打造具有国际竞争力的品牌形象。

品牌建设是中国风格服装价值输出的重要途径。在全球时尚的舞台上，品牌是连接设计与市场的桥梁，它不仅代表了一种设计理念，更是一种文化符号。中国风格服装的品牌建设，旨在将中国传统文化的深厚底蕴与现代设计的创新精神相结合，通过品牌这一载体，传递给世界，从而提升中国文化的国际影响力。

品牌建设是提升消费者认知度的关键。在市场经济中，消费者对品牌的认知度直接影响着购买行为。中国风格服装的品牌建设，通过精准的市场定位、独特的品牌形象和一致的品牌传播，可以增强消费者对品牌的记忆点和忠诚度，从而在激烈的市场竞争中脱颖而出。

品牌建设是推动产业升级的引擎。一个强大的品牌能够带动整个产业链的协同发展，从设计研发到生产制造，再到销售服务，品牌的力量能够促使每个环节追求卓越，推动产业向高端化、智能化发展。同时，品牌建设还能够吸引更多的投资，为产业的可持续发展提供资金支持。

品牌建设是文化自信的体现。在全球化的背景下，品牌不仅是经济实力的展现，更是文化自信的象征。中国风格服装的品牌建设，通过不断挖掘和传承中华优秀传统文化，创新设计语言，讲述中国故事，展现中国精神，从而提升民族文化的自信心和自豪感。

总而言之，品牌建设是中国风格服装设计价值输出的重要途径，是提升消费者认知度、推动产业升级和提升文化自信的重要手段。在新时代的征程中，我们应当更加重视中国风格服装的品牌建设，通过打造具有国际竞争力的品牌形象，让中国文化的独特魅力在全球时尚的舞台上大放异彩。

第六节　服务升级：赢得市场的关键

在激烈的市场竞争中，产品质量和创新固然重要，但服务却如同商品的"灵魂"，是连接品牌与消费者的桥梁。中国风格服装设计的服务升级是一种商业模式的创新与文化自信的体现，是对传统与现代完美融合的深度探索。

服务升级有助于中国风格的服装品牌塑造独特的消费体验。在商品同质化的今天，消费者追求的不仅仅是产品本身，更在于购买过程中的感受和享受。向消费者提供定制化服务，如根据消费者的身材、肤色、喜好等个人特点，提供个性化的设计建议，使得消费者在选购过程中得到尊重与关注，从而提升消费体验。这种体验式的服务，将中国风格的服装设计与消费者的生活紧密相连，让消费者在享受服务的同时，感受中国文化的魅力。

服务升级有助于提升消费者的忠诚度。售后服务是衡量一个品牌是否真正关心消费者的试金石。优质的售后服务，如退换货、修补、保养等，能够让消费者在购买商品后依然感受到品牌的关怀，从而提升消费者的满意度和忠诚度。在这个过程中，品牌与消费者建立起一种信任关系，消费者愿意为品牌买单，愿意为品牌传播口碑，从而助力中国风格的服装设计赢得市场份额。

　　服务升级有助于提升中国风格服装的品牌形象。一个品牌的服务质量，直接影响到其在消费者心中的地位。通过提供优质的服务，中国风格的服装品牌能够展现出对消费者的尊重、对产品的自信和对文化的传承。这种品牌形象的提升，将使中国风格服装设计在市场竞争中脱颖而出，赢得更多消费者的青睐。

　　总而言之，服务升级能够提升消费者的购买体验和忠诚度，赢得市场份额，塑造品牌形象，传承和弘扬中国传统文化。在未来的市场竞争中，中国风格服装品牌应继续深化服务升级，以优质的服务赢得消费者的青睐，助力中国风格服装设计走向世界。

　　在中华文明的长河中，服装作为文化的载体，承载着民族的情感与记忆。从古代的宽袍大袖到现代的简约时尚，中国风格的服装设计始终是中华文化绚丽多彩的名片。展望未来，如何更好地传承这份文化底蕴，同时巧妙地融合现代审美与市场需求，打造出既传统又现代的服装设计，这是我们共同需要深思的课题。

结　论

　　本书意图构建一个"中国风格服装设计创新"的理论模型，以此为基点，提出了三个研究问题：第一，如何在新时代语境下定义中国风格服装设计的概念及其内涵特征；第二，如何解析中国风格服装设计的创作过程；第三，如何构建新时代中国风格服装设计创新理论框架。为了探索这三个问题，本书采用洋葱模型作为研究的结构框架，并运用扎根理论以及三角验证法进行严谨的研究。通过对这三个问题的深度探索，本书得出了三个方面的启示。

　　首先，本书对中国风格服装设计的概念与内涵进行精确界定，以期在理论层面为其赋予更明晰与深刻的意义。中国风格服装设计，作为一种通过服饰艺术来传达民族情感的视觉表现形式，构成了民族文化的象征性表达，对于增强国人的文化认同与民族自豪感起着至关重要的作用。该设计形式巧妙地平衡了传统与现代元素的和谐共融，不仅对非物质文化遗产进行了有效的保护与传承，而且实现了物质形态与精神内涵的统一，兼具民族特色与国际视野。中国风格服装设计展现出多元、创新、融合、象征与民族性等特点，使其成为一种既能反映民族传承，又能迎合时代潮流的设计模式。然而，随着社会发展和时代的变化，消费主体的变化、消费观念的更新、生活方式的转变以及设计能力的提升，都对中国风格服装设计提出了新的要求，即需与时俱进，满足当下的审美需求与生活风格。

其次，本书对中国风格服装设计的创作过程进行了深入的理论探讨，并通过对该过程的系统整合，创新性地构建了一个概念性的设计框架。研究伊始，我们采用了扎根理论研究方法，根据研究目的精心制定了访谈大纲，以确保数据的有效性。在后续的数据分析阶段，对一手和二手资料进行了精细的编码与分析。通过访谈资料的深入挖掘，我们提炼出 68 个概念、18 个范畴和 6 个主范畴。这 6 个主范畴涵盖了中国风格服装设计的认知转变、文化认同、驱动力、影响因素、设计方法以及设计创新等方面。在对这 6 个主范畴进行关系分析的基础上构建了一个范式模型，以此提炼出核心范畴"中国风格服装设计的创作过程"。进一步地，我们将这一核心范畴细分为社会文化型、艺术审美型、市场价值型、心理满意型和可持续型 5 种类型，从而为不同类型的创作过程提供了理论上的区分。在此基础上，我们将这些元素有机地融合，构建了一个情境模型，将核心范畴与各种条件和策略相联系，以揭示中国风格服装设计的驱动力、文化认同、设计方法及影响要素如何共同推动其创作过程。

最后，我们构建了中国风格服装设计创新的理论模型，实现了研究框架的系统化整合。通过提炼出中国风格服装设计创新的核心要素，并在核心范畴"中国风格服装设计的创作过程"之上，将这些要素与设计创作过程的四个阶段相互结合，进而推演出中国风格服装设计创新的实施流程及其相应工具。分析表明，设计创作过程的四个阶段之间存在有机的衔接性。首先，计划与收集阶段至概念化阶段，这一转换是概念生成的关键过程。在这一过程中，必须搜集具有民族特色和审美特质的地域文化元素，并从多维度对这些元素进行分析，如视觉特征、审美精神、文化认同和民族自信等。为了有效地促进这一过程，可以采用头脑风暴、思维导图、观察记录、备忘录、视觉词汇、照片文件和跨学科思维等工具。其次，概念化阶段至综合性构想阶段，这一转换是设计转化的核心过程。在这一过程中，运用智能化技术对文化元素的图案和色彩进行数字化提取，并根据消费者的偏好、情感体验、品牌形象、生活方式以及传统与现代的融合等，对这些文化元素进行创新性的再创造和再构成。为了丰富这一过程，可以利用纺织品和针织品的开发、绘制草图、叙事、织物织造、自我编辑和可持续实践等工具。最后，综合性构想阶段至实行阶段，这一转换是将服装作为文化元素载体的再次表达过程。在这一过程中，需综合考虑服装的美观性、情感表达、时代感、融合性、环保理念、高品质、原创性、乡村振兴和国际传播等因素。为了确保这一过程的顺利进行，可以采用原型制作、评价反馈和新媒体宣传等工具。通过这些工具的运用，不仅能够提升设计的实施效率，还能够增强中国风格服装设计创新的影响力和传播力。

综上所述，本书运用扎根理论的研究方法，开发了中国风格服装设计创新的理论模型，将学术理论与设计实践相结合，构建了一个从理论到实践的全面分析框架，为我国服装设计领域提供了宝贵的理论知识，并为设计师的实践操作提供了坚实的理论基础。其重要意义不仅在于推动中国民族文化的传播，更为人类文化的多样性和品质提升作出了贡献。